侍酒師 × 星級主廚 的居家餐酒搭配

ソムリエ×料理人が家飲み用に本気で考えた
おうちペアリング

前言

近幾年來，主打「餐酒搭配」的店家越來越多。
無論哪國料理的餐廳，都有結合葡萄酒或日本酒佐餐，
蔚為話題的人氣店家相繼出現。

但如果是在家喝酒的時候呢？
「來喝紅酒吧！」「今天是日本酒的心情」，
決定好品飲的酒款後，腦中會浮現什麼樣的下酒料理？
葡萄酒就是義大利菜！日本酒不外乎日本料理！
多數人都是這樣直覺式搭配的吧。當然，這也是一種選項。
按照這個基本公式，也能夠充分感受餐與酒交織的美妙。
但當在自家品酒、小酌的次數日漸增長，
「想要稍微提升『居家餐酒』層級」的也大有人在。
這本書中收錄的100道食譜，還有侍酒師們的精心解說，
就是為了幫大家達到這樣的需求而存在。

在談天中拋出關於酒的有趣知識，
一道道從開場就令人驚豔的餐酒料理，
多人共享時能夠讓氣氛漸趨熱絡，
獨自品飲時細細感受餐酒的美好，
這些，都是「居家餐酒搭配」帶來的無盡樂趣。

熱衷於桌上的美食、杯中的美酒。
正因為是在家裡，才如此愜意自在。
這般微小的片刻，是人生至高無上的樂事……

MESSAGE
來自侍酒師&料理家的訊息

【葡萄酒監修】

岩井穗純

侍酒師／葡萄酒專賣店&酒館「酒美土場」店長

料理與葡萄酒間,比起「合不來」,
「合得來」的選項更是繁星熠熠。
往往在不經意的情況下,
品嚐到令人眼睛一亮的驚喜搭配。
希望大家透過這本書,
彷彿與形形色色的人邂逅般,
感受「料理與葡萄酒相遇」的樂趣。

【日本酒監修／chapter 1、chapter 3 食譜】

高橋善郎

日本酒侍酒師／料理研究家

對我而言,美味的料理和酒,
具有為「日常」增添豐富色彩的能量。
餐與酒的世界裡沒有邊界,
更沒有所謂的硬性規定。
在這樣充滿自由、可能性的國度中,
我希望本書能夠成為一個契機,
引領你與自己的「命定搭配」相遇,
並開發出更深不可測的餐酒樂趣。

【chapter 1、chapter 2 義式&法式食譜】

上田淳子
料理研究家

我從世界各地蒐集了很多的葡萄酒，
幫它們找到合適的料理，搭配著一同享用，
我打從心底沉迷於如此幸福的美味關係。
為酒而生的料理，為料理而生的酒！
受到世界愛戴的餐與酒，怎能不連袂登場？
我希望將我從餐酒世界中獲得的喜樂，
透過這本書分享給更多的人。

【chapter 1、chapter 2 亞洲風味食譜】

TSUREZURE HANAKO
熱愛美食美酒之旅的飲食編輯

我就算365天都喝酒，
還是以喝葡萄酒的頻率來得最高。
洋食或日式料理不用說，
搭配我最喜愛的南洋料理也恰到好處。
通常都會以為「南洋料理＝啤酒」，
但只要翻開這本書，
你就能為他們找到更契合的靈魂伴侶。

【chapter 1、chapter 2 現代和食食譜】

五十嵐大輔
和食料理人

以餐廳裡的和食來設計居家食譜時，
必須合乎「在家做也沒有負擔」的條件，
同時保留令人驚喜的「特殊感」。
「葡萄酒×和食」乍聽有點難以想像，
但凡嘗試過一次，就會深陷於其中的魅力。
推薦用同樣的料理嘗試兩三次，
搭配不同的葡萄酒，依照自己的偏好調整，
就能夠逐漸發展出自己專屬的餐酒搭配。

CONTENTS

CHAPTER 1

用2種食材輕鬆締結
餐與酒的美妙婚姻

【上田淳子的2種食材餐酒料理】

【五十嵐大輔的2種食材餐酒料理】

【Tsurezure Hanako的
2種食材餐酒料理】

【高橋善郎的2種食材餐酒料理】

COLUMN

CHAPTER 2

搭配葡萄酒的餐酒料理

★適合葡萄酒的義式&法式料理

★適合葡萄酒的亞洲料理

★適合葡萄酒的現代和食

CHAPTER 3

拓展日本酒的世界觀
日・西・中式餐酒料理

什麼是餐酒搭配（Pairing）？

近年來，大家是否曾經在餐廳或小酒館中，
聽到「餐酒搭配（Pairing）」這個用語呢？
懂得如何搭配餐酒之後，料理跟酒的滋味將會加倍美味！
就算是在家中小酌時，也可以更深入享受酒的世界。

餐酒搭配是
「口福感的組合」

所謂餐酒搭配，就是指料理與酒的結合。藉由餐點跟酒的相互襯托來彰顯彼此的特性，繼而形成極致的美味！在葡萄酒的世界裡，我們會用「Marriage（結婚）」來形容由這種絕妙組合所打造出的嶄新美食風味。

雖然「餐酒搭配」以往多被歸類於艱深的葡萄酒專業術語，但其實飲品的選擇不限於葡萄酒，也可以隨興選搭日本酒、啤酒、茶類等其他各式各樣的飲品。本書主要是以葡萄酒和日本酒來搭配，挑選出風味最適合的料理，並不特別侷限於日式、西式還是中式的菜色。

葡萄酒之外
也可以盡情搭配
其他的飲品

只要略懂眉角
自己在家也能有
完美的餐酒搭配！

你是不是認為只有餐廳的侍酒師才懂得如何搭配餐酒？白蘇維翁、純米大吟釀……酒的世界看似充滿令人卻步的專業術語，但其實只要掌握各類酒款的風味特徵，每個人都能夠自行搭配出絕佳的餐酒組合。

在外面用餐，法式料理的店家大多會搭配葡萄酒，日式料理則提供清酒。而自己在家裡，反而可以抱著開放性的實驗心情，自由設計各種組合。打開一瓶葡萄酒，先來一道法式前菜，然後用土耳其料理當主菜，最後再上中式料理——這可是只有在家用餐才能推出的創意套餐。

正因為在家裡
才能自由搭配的
無設限餐酒組合

關於葡萄酒的產地，先記住這些重點！

歐洲篇

▌▌ 法國

聞名全球的葡萄酒釀造大國。
充分利用全國各地的地區特色來釀造
葡萄酒，生產出五花八門的酒款。

France

Champagne
Alsace
Bourgogne
Loire

Bordeaux

Sud de la France

法國的代表性產區！

波爾多

**澀味濃郁強勁的紅酒
肉類料理的最佳拍檔**

位於法國西南部的港埠都市。以使用「卡本內蘇維翁」或「梅洛」（P.14）釀造而成的紅酒，以及饒富果實感的白酒聞名全球。雖然一般人對波爾多葡萄酒的印象都是頂級品，但也有價格較親民的「超值波爾多葡萄酒款」。

勃根地

**香味馥郁，滋味渾厚
佐配法式或日式料理都對味**

位於法國東北部的知名產區。尤以夏布利區、薄酒萊區等聞名世界。此區紅酒主要使用「黑皮諾（P.14）」，白酒則多用「夏多內（P.16）」釀製而成。每片田園產出的葡萄味道風格各異其趣，依照酒莊來選購也是一種樂趣。

香檳區

孕育出氣泡酒之王的產區

位於法國北部的產區。當地特產的香檳具有強烈氣泡與層次豐富的口感，不只適合前菜，搭配主菜飲用也相當迷人。有標示釀造年份的「年份香檳（Vintage）」風味多變，以多種不同年份的酒混合而成的「無年份香檳（N.V., Non-Vintage）」則更為穩定。

羅亞爾河

**誕生於冷涼氣候的
清新白酒**

位於法國中部羅亞爾河沿岸的葡萄酒產區。以「白蘇維翁」、「白詩楠」（P.16）、「蜜思卡得」（P.17）釀製的白酒，清爽中帶有礦物風味，非常適合搭配魚肉或雞肉，跟亞洲料理及日式料理也很相襯，搭配性很高。

阿爾薩斯

**富有獨特個性
果香洋溢的白葡萄酒**

阿爾薩斯位於法國東北近德法交界處，擁有自成一家的釀酒歷史。此區最有名的是用「麗絲玲」、「白皮諾」、「格烏茲塔明那」、「灰皮諾」（P.16）釀製而成的白酒。出自阿爾薩斯的酒款都會將葡萄品種標示於酒標上，以利選購。

法國南部
（隆河丘、隆格多克胡西雍區、普羅旺斯等產區）

**受惠於日照與地中海氣候
孕育出特色多樣的酒款**

此區栽種的葡萄品種繁多，也因此擁有豐富多樣的葡萄酒。以「希拉」或「格那希」品種（P.14）釀造，帶有辛辣口感的紅酒與印度料理是絕配，而使用「維歐尼耶」（P.16）釀製的香濃白酒則和泰式料理天生一對。

這些產地值得關注！

薄酒萊（勃根地）

**不只有新酒（Nouveau），
也是自然酒（Natural Wine）的發源地**

薄酒萊的主要葡萄品種是「加美（P.14）」。用加美釀製的酒顏色淺但鮮味渾厚，從魚類料理到肉類料理都搭配得宜。第一位在此區採用有機栽種來釀造自然酒的馬賽爾拉皮埃爾先生更是因此聞名遐邇。

安茹（羅亞爾河產區）

**微帶甜味的白酒
搭配奶油料理的滋味一試難忘**

用「白詩楠（P.16／當地稱為Pineau de la Loire）」釀酒的知名產區。以白詩楠釀出的白酒富有果香，並且帶有蜜蘋果般的甜味，無論是在品酒新手或愛酒人士之間都深受歡迎。此外，這個地區也是粉紅酒的知名產地。

葡萄酒的風味會反應該產地的風土氣候。
「波爾多的紅酒澀味強勁,適合搭配肉類料理」,
像這樣了解各產地的葡萄酒特色後,就會更懂得如何搭配料理。
首先就一起來認識歷史悠久的歐洲葡萄酒釀造區吧!

Germany

Austria
Eastern Europe

Italy

Portugal Spain

這些產地也不容錯過!

🇮🇹 義大利

全國各地皆有釀造葡萄酒
堪稱是葡萄酒王國

義大利國土南北狹長,地形豐富多
變,每個地區栽種的葡萄品種不盡
相同,且各地皆有用當地生產的葡
萄所釀製的多樣酒款。義大利有很
多酒都適合用來襯托食材風味鮮明
的料理,尤其是口感強勁的紅酒,
特別吸引人。

🇪🇸 西班牙

從海洋到山地的多變地形
孕育出個性派的葡萄酒

以雪莉酒、卡瓦氣泡酒(Cava)、
西班牙葡萄酒的代表品種「田帕尼
優(P.15)」聞名,全國各地皆盛
行釀造葡萄酒,加泰隆尼亞地區更
是深受矚目的自然酒產區之一。

🇵🇹 葡萄牙

歷久不衰的傳統產地
海鮮料理的天選之酒

釀酒歷史可追溯到西元前的傳統釀
酒國。口感濃郁的紅酒和風味清新
的白酒佔絕大多數,特別是其中的
白葡萄酒「葡萄牙綠酒」,清爽的
口感無論搭配海鮮或日式料理都很
相襯。西北部的城市波特所盛產的
波特酒口味偏甜,適合當餐後酒。

🇩🇪 德國

此地不只有香甜白酒
刺辣的酒款也值得關注!

德國位於葡萄可栽種區的最北邊,
是盛產白酒的知名產地。受到氣候
影響,此地的葡萄成熟得緩慢,可
以釀出帶有細緻酸味的酒。主要代
表品種為「麗絲玲」。過去德國以
甜味白酒為主流,直至近年也開始
增產辛辣口感的酒款。

🇦🇹 奧地利

來自小國的優美葡萄酒
結合清爽蔬食的風味絕佳

儘管產量不多,但來自奧地利的高
雅白酒廣受好評。當地代表性的葡
萄品種「綠菲特麗娜(P.17)」兼
具勻稱的酸味和礦物風味,適合搭
配蔬食或日式料理。奧地利是知名
有機農業先進國家,也有許多生產
自然葡萄酒的釀酒廠。

東歐各國

顯為人知的傳統釀酒國
值得挖掘的隱藏寶庫

斯洛維尼亞、克羅埃西亞、摩爾多
瓦、喬治亞等東歐諸國皆是歷史悠
久的葡萄酒產地。最近也有部分酒
莊開始將近代釀造法融入傳統製
法。使用土生品種的葡萄來釀製,
充滿多樣個性的酒款很值得注目!

這些產地值得關注!

史泰爾馬克邦(奧地利)

自酒杯中傾溢而出
記憶中的海洋香氣與風味

位於奧地利東南部的史泰爾馬克邦是盛產自然酒的地
區。主要栽培的葡萄品種為「白蘇維翁」。由於此地在
古代曾是海洋,酒中總帶著些許鹹味,就像「專屬大人
的寶礦力水得」。

🇬🇪 喬治亞

葡萄酒發源地
以傳統釀造法製成的古代葡萄酒

以長達八千年葡萄酒釀造歷史為榮的世界最古老產地。
他們會將葡萄放入一種名為奎烏麗(Qvevri)的大型雙
耳陶罐中,埋藏到地底下,任其自然發酵,這種傳統釀
造法已被列為世界文化遺產。喬治亞有許多土生葡萄品
種,主流酒款是具有適度澀味的橘酒(P.18)。

關於葡萄酒的產地，先記住這些重點！

新世界篇

🔴 日本

日本葡萄酒近年來逐漸蔚為風潮。
其雅緻的風味在國際間也廣受好評。
下面就來介紹日本的代表性葡萄酒產地。

日本的代表性產地！

山梨

日本最早的葡萄酒產地。
甲州葡萄酒與和食是絕配！

日本葡萄酒發展的起源，始自甲府正式投入葡萄酒釀造的明治時代。其代表品種「甲州白葡萄（P.17）」所釀造的白酒新鮮多汁，是和食的絕佳拍檔。使用「麝香貝利A（P.15）」品種釀製的爽口紅酒也值得關注。

長野

適合葡萄生長的地理環境
能夠產出高品質的葡萄酒

長野的氣候等自然條件很適合栽植葡萄，近來正逐漸增加「夏多內（P.16）」或「梅洛（P.14）」等歐洲品種的栽培量。長野縣也宣布以「信州葡萄酒谷（Wine Valley）概念」來促進縣內四個地區發展成為葡萄酒產地。

北海道

北方大地孕育的
冷涼感葡萄酒極具魅力

此區的葡萄栽培善用寒冷地區的氣候，流行種植歐洲品種，例如余市和仁木地區盛產的「黑皮諾（P.14）」。產自小樽的「旅路」，來自十勝池田町的「山幸」……北海道也有許多採用在地品種來釀造的特色葡萄酒。

其他 （東京、山形、島根、岡山 等地）

遍佈日本全國
值得注目的小型精釀酒廠！

山形縣的「德拉瓦」葡萄產量日本第一，是顯為人知的葡萄酒王國。西日本的岡山、島根等地也有以當地風土氣候釀造葡萄酒的酒廠。遍佈日本各地的小型釀造廠正逐年增加，連東京等都市地區也出現不少葡萄酒釀酒廠。

這些產地也不容錯過！

🇦🇺 澳洲

從善於應變的國民性中誕生
嶄新風格的葡萄酒

以澳洲南部為中心，栽培「希拉茲（P.14）」與「夏多內（P.16）」等各式品種。澳洲以率先採用方便打開的螺旋蓋封瓶而聞名，近年也不斷有酒莊投入釀造減少人力介入的自然酒。

🇳🇿 紐西蘭

適合輕鬆品飲的
紐西蘭白蘇維翁

儘管發展時間不長，但紐西蘭藉由高品質葡萄酒轉眼擠身當紅產地之列。以「白蘇維翁（P.16）」所釀造，充滿濃郁草本香和熱帶水果風味的白酒跟各種料理都很合拍。使用多汁的「黑皮諾（P.14）」釀製而成的紅酒也非常推薦。

Hokkaido

Japan

Nagano
Yamanashi

New Zealand

Australia

在葡萄酒專賣店裡，
通常會將葡萄酒釀造歷史較悠久的歐洲國家稱為「舊世界（Old World）」，
而釀造歷史相對較短的國家則屬於「新世界（New World）」。
新世界的葡萄酒價格實惠且風味鮮明，有許多適合新手入門的酒款。

美國

雖然美國的釀酒歷史不長，
卻是世界上產量數一數二的葡萄酒大國，
從物美價廉的日常餐酒到頂級葡萄酒皆有。

美國的代表性產地！

加利福尼亞

從酒體飽滿的紅酒
到風味強勁的白酒皆深受好評

加州的代表品種為「卡本內蘇維翁」及
「金芬黛（P.15）」。金芬黛釀造的紅
酒搭配排餐或烤肉時，其濃厚又強力的
風味並不會輸給料理。使用「夏多內」
釀造的白酒充滿果香，也很有魅力。

華盛頓

與法國緯度相近
是美國的冷涼產區

主要栽種品種為「卡本內蘇維翁」及「夏
多內」。在涼爽地區也盛行種植「麗絲玲
（P.16）」，用來釀造辛辣感及Off-Dry
（半乾型，不甜）的白酒。華麗的風味搭
配南洋料理或水果皆能展露絕妙風情。

奧勒岡

孕育黑皮諾的
美國勃根地

此地與勃根地幾乎位於相同
緯度，種植許多適合涼爽氣
候的品種，是世界知名的黑
皮諾釀酒區。近年來，位於
此地中心的波特蘭不斷誕生
新的釀造廠，是都市型酒廠
的先驅者。

這些產地也不容錯過！

加拿大

誕生自寒冷地區
酸味綿長的清爽白酒

安大略省的尼加拉地區是以冰葡萄釀
造冰酒的產地。卑詩省歐肯納根更被
譽為世界最美麗的葡萄酒產地。擁有
細緻酸味的「灰皮諾」和「夏多內」
非常適合淡雅的和食料理。

智利

世界首屈一指的超值葡萄酒
簡單純粹的風味深受喜愛

智利有許多使用單一葡萄品種釀造的
葡萄酒，購買時可以從品種特色來挑
選，非常方便。以「卡本內蘇維翁」
或「卡門內爾」葡萄釀製的強烈紅酒
與洋溢果香的白酒都值得一試，有許
多物美價廉的酒款可供選擇。

南非

友善環境又有助於身體健康
帶給人安心感的葡萄酒

眾多法國移民為此地帶來發達的葡萄
酒文化，栽種上也因此多以法國品種
為主。以擁有豐富礦物風味的「白詩
楠」所釀造而成的白酒可搭配任何料
理。特別值得一提的是，當地的環境
政策讓南非的釀酒廠在釀製過程中，
更加著重與大自然之間的和諧關係。

阿根廷

孕育自安地斯山脈
性格多采多姿的葡萄酒

位於安地斯山麓的葡萄田既乾燥，冷
熱溫差又大，因而得以培養出頂級的
葡萄。其中的代表品種「馬爾貝克
（P.15）」釀造的紅酒很適合搭配肉
類料理。土生葡萄品種「特隆托斯」
製成的白酒則具有華麗香氣，很適合
中華或南洋等特色料理。

Canada

Washington
Oregon

America

California

Chile
Argentina

South Africa

\ 酒知識淺談 / 　　　　　　　　　　　　　　　　　**紅酒篇**

「雖然很有名，但到底是什麼味道？」
認識葡萄品種的風味特徵

這些都是具代表性的葡萄品種！

卡本內蘇維翁 Cabernet Sauvignon

酒體飽滿的代表性品種！
特徵是深濃色澤與強烈的單寧味

全球最有名的紅葡萄品種。波爾多地區經常拿「卡本內蘇維翁」與「梅洛」混釀，卡本內蘇維翁的特色是酒中帶有黑醋栗、藍莓及杉木的香氣。濃縮的果實味與強烈乾澀感，搭配肉類料理堪稱絕配。頂級葡萄酒經過熟成後的風味更是不容小覷。

梅洛 Merlot

口感渾厚多汁，喜歡果實味的人不可錯過！

原產於波爾多地區，現在已成為遍佈世界各地的人氣品種。擁有如同李子、黑莓般甘甜濃郁的香氣。飽滿的果香與柔順的單寧，很適合和燉牛肉等燉煮的肉類料理一同享用。

黑皮諾 Pinot Noir

喝一次就成為俘虜，衝擊感官的濃郁香氣

雖然世界各地皆有栽種此一品種，但來自勃根地的黑皮諾仍具有無可比擬的口感和香氣！黑皮諾熟成後帶有彷彿櫻桃或覆盆子的風味。單寧含量偏低，可廣泛搭配雞肉或紅肉魚的料理。

加美 Gamay

以柔順的風味，溫柔接納各式料理

加美葡萄是以身為釀造薄酒萊新酒的原料出名，但熟成後也別有一番風味。滿溢覆盆子果香與花香調的輕盈酒體十分順口，甚至還有一票稱為「加美迷」的愛好者。加美釀成的酒中帶有鮮味，適合搭配添加高湯的菜色。

白卡本內 Cabernet Blanc

明明是葡萄酒卻帶有蔬菜香氣！？
在全球悄悄掀起風潮的酒款

白卡本內在波爾多地區大部分用來混釀，但羅亞爾河谷地區也有單純以白卡本內釀造的葡萄酒。主要帶有草莓果香，有時還會浮現青椒、番茄等風味。酸味層次豐富，適合搭配添加番茄醬的料理或中式菜一同品飲，跟糖醋排骨更是絕配。

MEMO

「混釀」與「單一品種」

葡萄酒分為以複數品種釀造而成的「混釀葡萄酒」，以及只使用一種品種釀製的「單一品種葡萄酒」。混釀的酒款可以品嚐到多層次的複雜風味，但如果想要深入了解葡萄的特色，不妨先試試單一品種釀造的葡萄酒吧。

請查看酒標上的標示。

希拉（希拉茲）Syrah/Shiraz

搭配野味也不遑多讓，性格鮮烈的紅酒

主要產地位於隆河丘。藍莓果香中帶有黑胡椒般的辛香料風味。單寧含量較高，適合搭配添加香料調味的野味料理。澳洲稱之為「希拉茲」，口感更濃郁。

格那希 Grenache

濃縮地中海陽光般熱力十足的風味

以南法、西班牙、義大利、薩丁尼亞島為主要栽種區域的品種。內斂的酸味，又帶有莓果醬、李子、巧克力的香氣，還兼具一絲野性感。很適合搭配以辛香料調味的料理。

山吉歐維榭 Sangiovese

可柔和可濃烈
來自義大利的紅葡萄代表品種

托斯卡尼地區的代表酒款——「奇揚地」的主要原料。風味會根據產區及釀造法有所不同。價格低廉的酒款帶有櫻桃般的清新風味，高價酒款則有著濃縮無花果般的果香味。和蕃茄風味料理的搭配性極高！

葡萄品種是決定葡萄酒風味的要素之一。若能掌握各品種特色，在選擇酒款及餐酒搭配上更能自由發揮！本篇將介紹釀造紅酒的原料——「紅葡萄」的各種代表性品種。紅葡萄皮的顏色從青紫色到黑色都有，從葡萄皮中萃取的色素會影響葡萄酒的色澤與味道。

內比歐露 Nebbiolo

釀造出義大利最頂級葡萄酒的高貴葡萄

內比歐露是釀造出皮埃蒙特區最具象徵性的「葡萄酒之王」巴羅洛（Barolo）與巴巴瑞斯可（Barbaresco）的品種，特色在於具有薔薇與辛香料的香氣。單寧厚實，適合搭配牛肉料理。經熟成後的香氣複雜多層次，搭配松露等季節性蕈菇料理更是相得益彰。

蒙特普爾恰諾 Montepulciano

預算不高時的推薦品種！

用這種義大利紅葡萄釀造的酒，是公認CP值相當高的酒款。酒中帶有彷彿李子或藍莓的濃縮果香。雖具有相當程度的單寧，但口感圓潤順口，喝起來略帶煙燻味，非常適合與香腸、燻製肉品搭配享用。

田帕尼優 Tempranillo

充滿異國情調
西班牙引以為豪的熱情紅酒

西班牙的代表性紅葡萄品種。本身擁有宛如李子般的香氣，若經過酒桶熟成，則會浮現無花果乾的味道，或有如鞣革的野性氣息。有時也會出現肉桂、菸草的香氣，相當適合搭配西班牙特產生火腿。

MEMO

國家不同，名稱與風味也不一樣嗎？

以「金芬黛」為例，有些葡萄會因國家不同而出現相異名稱。此外，葡萄酒容易受到氣候及土壤的影響，像是法國的希拉葡萄及澳洲的希拉茲葡萄雖是相同品種，風味卻因栽種地不同而有明顯差異。

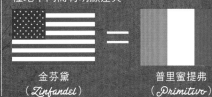

金芬黛
（Zinfandel）　　普里蜜提弗
　　　　　　　　（Primitivo）

金芬黛 Zinfandel

不容忽視的濃厚感！
搭配中東特色烤肉串也很適合

加州的人氣紅葡萄品種，在義大利則稱之為「普里蜜提弗（Primitivo）」。酒中帶有藍莓果醬般的馥郁果香，口感濃稠。適合搭配烤肉或味噌燉物、辛香料料理等重口味的菜色。

這些品種也值得關注！

麝香貝利A Muscat Baily A

由日本葡萄酒之父——
川上善兵衛配種而成的葡萄

以美國系品種與歐洲系品種配種衍生的日本特有紅葡萄。帶有果香，單寧含量低，有股草莓的香甜味。跟日式料理契合度高，搭配鐵板燒、章魚燒、馬鈴薯燉肉等添加高湯的料理都很適合。

茨威格 Zweigelt

勻稱的風味是家常菜的強力夥伴

奧地利的代表性紅葡萄品種，釀造出的紅酒酒體輕盈，酸味和單寧維持絕妙平衡又充滿果香。可廣泛搭配魚類料理、雞肉料理、蔬菜料理等多種菜色。日本的北海道也於近年開始種植此一品種。

巴貝拉 Barbera

搭配蔬菜料理也很適合的
辛香料風味紅酒

主要栽種於北義大利地區。單寧含量低，酸味強勁。特徵是具有草本香氣的口感，可搭配清淡的肉類或炙烤蔬菜、蕃茄料理等等。價格平易近人，非常適合當作日常餐酒。

馬爾貝克 Malbec

原產於法國，卻在阿根廷大放異彩

馬爾貝克具有高含量的多酚，其紅酒色澤深濃，在法國稱之為「黑酒」，現今主要產地為阿根廷。雖然酒體渾厚，但單寧柔順又帶有果香，適合搭配直火燒烤的烤肉或野味料理。

白酒篇

「雖然很有名，但到底是什麼味道？」
認識葡萄品種的風味特徵

這些都是具代表性的葡萄品種！

夏多內 Chardonnay

與海鮮的契合度高
最受眾人喜愛的白葡萄品種！

最具代表性的產區位於勃根地，是知名無甜味酒款「夏布列白酒」的釀造原料。雖然世界各地都有栽種，但產自羅亞爾河地區的夏多內風味特別厚實。過桶發酵後的口感帶有奶油香，適合搭配添加鮮奶油的料理。

白蘇維翁 Sauvignon Blanc

想品嚐清爽白酒非此品種莫屬！

白蘇維翁是廣受全球歡迎的白葡萄品種。在寒冷地區栽種的白蘇維翁屬於香草、柑橘香調，在溫暖地區則帶有熱帶水果的氣息。雖然來自不同產區的酒香各有其特色，但共同特徵都是口感暢快清爽。最適合搭配添加香草調味的料理或新鮮乳酪。

麗絲玲 Riesling

香氣馥郁的白色山葡萄和豬肉是絕配

產於法國阿爾薩斯地區、德國、奧地利的主要品種。特徵在於酒中的桃子、杏子果香，以及綿長的酸味和礦物感。可釀造出辛辣或甜美、氣泡酒等多種類型的葡萄酒。麗絲玲的高雅風味也很適合搭配豬肉、天婦羅等日式料理。

白皮諾 Pinot Blanc

果香飽滿，與乳酪的契合度百分百！

主要產區分佈在法國阿爾薩斯、德國、北義大利。帶有桃子的清新果香，有些還會出現花生風味。適合與乳酪、清爽的豆類料理、雞蛋料理一同享用，跟雅緻的日式料理搭配起來也毫不突兀的百搭款。

格烏茲塔明那 Gewurztraminer

洋溢著玫瑰與荔枝香
芳香型葡萄品種的帝王

代表產區是法國阿爾薩斯。格烏茲塔明那的香氣類型多樣又帶有華貴感，在釀酒用的眾多葡萄品種中位列第一。酒本身帶有玫瑰、荔枝、柑橘、桃子、香料、薑等五花八門的香氣，再加上辛香料的味道，用來搭配味道濃郁鮮明的亞洲或中華料理再適合不過。

MEMO

香氣誘人的芳香型品種

「白蘇維翁」或「麗絲玲」這類本身已帶有強烈香氣，釀成酒後更能顯現氣味的品種稱為「芳香型葡萄」。此類品種在釀製時不一定需要經過酒桶陳釀增添風味，僅透過單純發酵釀造，也能打造出風味清新的葡萄酒。

白詩楠 Chenin Blanc

風味爽口，不挑菜色的模範生

主要產地位於法國羅亞爾河和南非，能釀造出甜味、無甜味、氣泡酒等多種類型的葡萄酒。白詩楠擁有彷彿洋梨般的果實感，加上洋甘菊的香氣。由於不具強烈個性，可以廣泛搭配和食、亞洲料理、海鮮、蔬菜等各式菜色。

灰皮諾 Pinot Gris

雖然是白葡萄，卻是青紫色！？
而且還帶有濃郁風味

使用來自主要產區——法國阿爾薩斯所生產的灰皮諾，可以釀造出香氣芳醇、非常適合搭配中腹鮪魚的渾厚白酒。灰皮諾在義大利稱為「Pinot Grigio」，用此區的灰皮諾所釀造的白酒嚐起來更顯清爽，同時也是釀製橘酒的人氣原料之一。

維歐尼耶 Viognier

一入口隨即溢滿花香！
香氣葡萄的女王

主要產區位於法國的隆河丘，是釀造隆河代表性白酒「恭得里奧（Condrieu）」的原料。維歐尼耶誘人的香氣令人聯想到百合花，還有像芒果般的濃郁果香。洋溢在酒香裡的異國風味，讓它成為搭配異國料理的首推酒款。

白葡萄是用來釀造白酒的主要原料。葡萄皮的顏色從黃綠色到粉紅色都有，
味道各有千秋，也因此衍生出多采多姿的葡萄酒風味。
認識白葡萄的特色，是幫自己喜愛的料理做出完美餐酒搭配的快速捷徑。
先來記住這些名字吧！

蜜思卡得 Muscadet

高性價比，搭配海鮮的首選！

主要產自法國羅亞爾河地區。口感輕柔，適合拿來日間
品飲。蜜思卡得具有柑橘香及清爽風味，適合搭配如牡
蠣這類的海鮮料理。透過酒渣浸泡法（Sur Lie）釀造
的酒擁有一股鮮味，跟日式料理很相近。

榭密雍 Sémillon

造就世界最頂級貴腐酒的名配角

波爾多是榭密雍的知名產區。無甜味酒款的風味豐厚，
跟各種魚肉及豬肉料理都很契合。榭密雍還能釀出香甜
的白酒，是名聞遐邇的索甸貴腐酒的著名釀造原料。經
過長時間的陳釀熟成後會帶有黃桃風味。

崔比亞諾 Trebbiano

**擁有地中海檸檬香氣的
義大利人氣白葡萄**

崔比亞諾是義大利國內栽培量最大的品種，在法國也是
主要的白葡萄。崔比亞諾帶有檸檬或萊姆的清爽酸味，
能釀出輕盈順口的白酒。不僅可以隨興搭配義大利麵或
披薩，跟輕蔬食料理的組合也很相襯。

MEMO

**用同一種葡萄
釀造出偏甜及偏辣的酒款！**

有甜有辣就是白酒的特色。這裡所說
的「辣」並不是指麻辣感，而是甜度
較低（糖分含量少）的意思。相同品
種的白葡萄，若在發酵階段保留其糖
分，就會得到具有甜味的酒，還能釀
出「半甜型」的酒款。

阿爾巴利諾 Alvarinho

**若有似無的鹹味！？
洋溢礦物風味的海洋葡萄酒**

西班牙沿海地區的人氣品種。最近在日本的新潟沿海區
也有人開始種植而蔚為話題。阿爾巴利諾除了本身帶有
柑橘和桃子果香，還有宛如鹽巴的礦物風味，搭配薄切
生章魚片等海鮮恰到好處，也適合天婦羅等日式料理。

這些品種也值得關注！

甲州

**日本的傳統品種
忍不住想搭配溫馨的日式料理**

原產於裏海地區，經由絲路傳到日本國內，進而成為在
地品種的白葡萄。圓潤的酸味跟柑橘香氣搭日式料理簡
直天生一對。最近越來越多酒廠也開始用甲州葡萄釀造
橘酒，讓大家品嚐到更多采多姿的滋味。

綠菲特麗娜 Gruner Veltliner

**價格平實的高級風味！
深具特色的礦物系葡萄酒**

奧地利的代表性白葡萄。深具葡萄柚果香及強烈礦物風
味是綠菲特麗娜的特色。可以完美搭配鹽烤雞肉串或略
帶苦味的蔬菜，和蘆筍更是天生絕配。雖然販售的店家
不多，但絕對有花時間尋找的價值。

馬爾瓦西亞 Malvasia

**從地中海到義大利半島
廣泛分佈的白葡萄兄弟**

馬爾瓦西亞是在義大利、西班牙、葡萄牙等地區擁有諸
多亞種的白葡萄統稱。味道帶有桃子的香濃果香，適合
跟乳酪料理、義大利麵、豬肉一起品嚐。北義大利的艾
米利亞-羅馬涅地區所釀造的橘酒也是絕品。

蜜思嘉 Muscat

**廣為人知的蜜思嘉
其實是釀酒用的古老品種**

蜜思嘉又稱麝香葡萄，常被認為是直接食用的品種，其
實蜜思嘉是一種原產於希臘的古老釀酒用葡萄。世界各
地如法國或義大利等地皆有栽種。芬芳誘人又充滿果實
的甜美滋味，忍不住想搭配新鮮乳酪一同享用。

\ 總是似懂非懂的 /
葡萄酒關鍵字

從粉紅色到橘色，充滿魅力的葡萄酒玲琅滿目！

氣泡酒（發泡性葡萄酒）

在杯中跳躍的氣泡使人著迷！
世界各地都有自己的別稱

氣泡酒是「發泡性葡萄酒」的總稱。只有在法國香檳區釀造，且符合一定法律規範的氣泡酒，才能使用眾所周知的「香檳」稱呼。除了香檳以外，氣泡酒在法國又稱Crémant、Vin Mousseux；在義大利稱為Spumante；在西班牙稱為Cava。最近流行的培-納特（Pét-Nat）則是一種深受矚目的自然氣泡酒（Pétillant Naturel）。

粉紅酒

風靡全世界！
身心靈為之融化的
玫瑰色液體

主要以紅葡萄釀造的粉紅色葡萄酒。偏甜的粉紅酒相當受喜愛，但佐配餐點時，反而推薦無甜味或發泡性的粉紅酒（圖右）。味道偏淡的粉紅酒是絕佳的佐餐酒，搭配一般的家常菜也毫不違和。風味濃厚的粉紅酒則更適合肉類料理。

橘酒

歷久彌新！
繼白酒、粉紅酒、紅酒之後的
第四種葡萄酒

白葡萄榨汁後，連同果皮與籽一起發酵，便能得到橘色的葡萄酒。橘酒原是喬治亞人的傳統釀造酒，到近年才漸漸流行於全球各地。大部分的橘酒風味比起白酒更複雜，鮮味也相對強烈。獨特的澀味可以減淡海鮮的腥味，適合搭配日式料理。

淡紅酒

鮮味飽滿！
紅酒的新潮流

最近特別受歡迎的紅酒類型。使用的葡萄品種多樣，如加美、黑皮諾等等，共同特徵在於色澤偏淡、口感輕盈，卻能夠在酒中濃縮大量精華。高湯般的風味很適合搭日式料理，是令自然酒愛好者深深著迷的味道。懂酒的餐廳一聽到「淡紅酒」就知道要選擇什麼酒款。

品酒專家的語言！用來表現風味的葡萄酒用語

酒體

飽滿或是輕盈？
用來表示葡萄酒口感的厚重程度

酒體指的是酒在口中所感受到的重量與濃淡感。「輕盈酒體」代表酒味清淡；「飽滿酒體」表示酒味濃郁厚重；「中等酒體」則介於兩者之間。不只是紅酒，酒體也可以用於形容白酒的風味。

木桶味

為葡萄酒添加釀酒木桶的風味，
端看釀造者的實力

葡萄酒以新桶進行發酵熟成時，木桶本身產生的香氣會為酒感增添一些特有的風味，通常稱為「木桶味」、「木桶香」，比較具體的形容有香草、咖啡、煙燻香味等等。

深奧的葡萄酒世界，可不止有紅酒和白酒。
多認識經典紅白酒之外的粉紅酒與橘酒，可以拓展更多餐與酒的選擇。
此外，接下來還會深入介紹當紅的「自然派葡萄酒」，
以及一些常見的葡萄酒用語。

看懂相關用語，酒的世界變得更有趣！

自然派葡萄酒（自然酒）

有機酒（BIO）不等於自然酒！？
自然酒的基礎知識

有機酒（BIO）指的是「以友善環境的栽種法來種植葡萄」，而自然酒（Vin Naturel）則是「從栽種到釀造都要合乎自然的方式」。雖然尚無明確定義，但基本共通點都是須以有機農耕栽種葡萄，釀造時只能用野生酵母，不可使用化學添加物，並且盡可能避免添加抗氧化劑。過去大眾對自然酒有所誤會且知識不足，常批評「自然酒有股臭味」，但隨著近年釀造技術愈臻發達，自然酒一躍成為充滿葡萄天然風味的個性美酒，逐漸受到歡迎。最近從歐盟國家開始，各國慢慢針對有機農業訂定標準，許多葡萄酒皆有標示「認證標章」。無法分辨哪一瓶才是自然酒時，不妨參考認證標章來選購。

自然酒關係圖

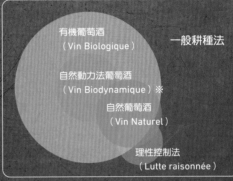

- 有機葡萄酒（Vin Biologique）
- 一般耕種法
- 自然動力法葡萄酒（Vin Biodynamique）※
- 自然葡萄酒（Vin Naturel）
- 理性控制法（Lutte raisonnée）

※自然動力法葡萄酒：由奧地利哲學家魯道夫‧史丹勒提倡的想法。以有機農耕為基礎，配合天體變化進行栽種，是一種能夠提升土壤活力及葡萄生命力的農法。

主要認證標章

 Euro leaf　　 ECOCERT　　 AB（Agriculture Biologique）

抗氧化劑

劇烈影響葡萄酒風味的防腐劑

二氧化硫、亞硫酸、SO2……這些都是相同的東西，指葡萄酒用的抗氧化劑（防腐劑）。雖然是在供應及保存過程中不可或缺之物，但含量過多卻會破壞酒的風味，甚至影響飲酒隔日的宿醉感！上述Euro leaf等部分有機栽培認證機構，對於抗氧化劑的使用量也有訂定規範，所以建議選擇經過認證的葡萄酒。

年份（Vintage）

好的年份？不好的年份？
沒這回事，年份只是代表「採收年」！

酒的年份指的是葡萄的採收年，部分會寫在瓶身標籤上。雖然有的人會說「某一年是好的年份」，但不管是哪一家釀酒廠，每年都會釀出美味好酒。葡萄酒的風味確實會因氣候等因素出現少許差異，可是我們也能因此找到更合拍的料理。請好好享受每一瓶酒「當年的風味」吧！

酒標（Etiquette）

閱讀酒標的方式
對專家而言也是永久的難題

酒標指的是葡萄酒瓶身上的標籤，酒標中大多會標示①葡萄酒名、②葡萄品種名、③釀造酒廠、④產地名稱、⑤酒色、⑥年份、⑦酒精濃度。雖然酒標是了解酒款風味的線索，但有一些自然酒幾乎毫無標示。遇到這種情況也只好舉雙手投降了！直接去請教店員或Vivino※吧。

※Vivino：只要拍下酒標就能查到葡萄酒的資訊，非常實用的應用程式，而且是免費下載！

酒標範例

- 生產者名稱
- 葡萄酒名、品種名
- 德國有機認證機構標示的自然動力認證標章
- 葡萄酒的產地

KLEINKNECHT
Riesling
Alsace

\ 一目瞭然！/
這瓶酒是什麼味道？

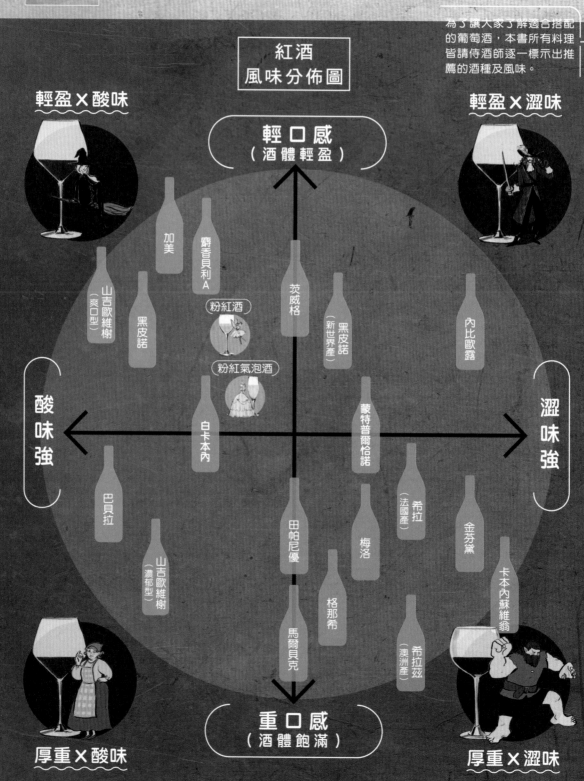

紅酒
風味分佈圖

為了讓大家了解適合搭配
的葡萄酒，本書所有料理
皆請侍酒師逐一標示出推
薦的酒種及風味。

輕盈×酸味

輕盈×澀味

輕口感
（酒體輕盈）

加美

麝香貝利A

山吉歐維榭
（爽口型）

黑皮諾

粉紅酒

茨威格

黑皮諾
（新世界產）

內比歐露

粉紅氣泡酒

酸味強

白卡本內

蒙特普爾恰諾

澀味強

巴貝拉

田帕尼優

梅洛

希拉
（法國產）

金芳黛

山吉歐維榭
（濃郁型）

格那希

卡本內蘇維翁

馬爾貝克

希拉茲
（澳洲產）

重口感
（酒體飽滿）

厚重×酸味

厚重×澀味

從前面介紹的紅、白酒葡萄品種裡，精選出容易配餐的類型，
再依照酒體風味來定位。本書中的食譜也會由專業侍酒師分別
標示出推薦的葡萄酒類型圖標，提供大家在挑選酒款或搭配餐
酒時作為參考。

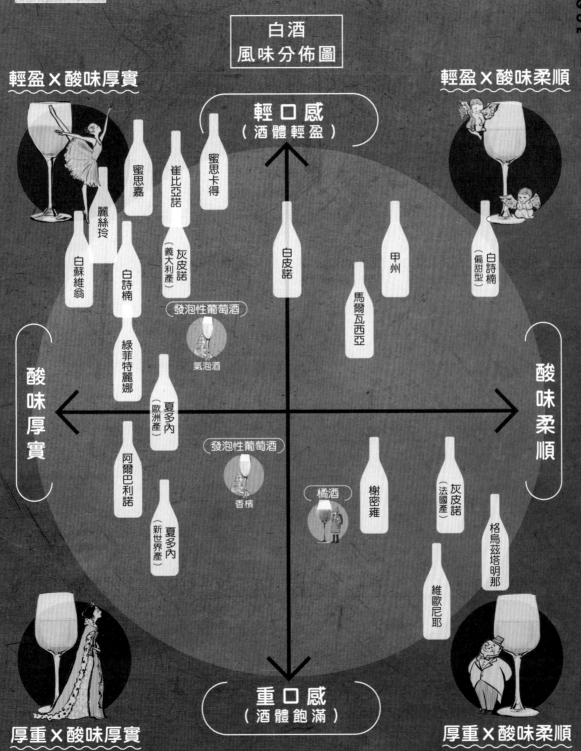

白酒
風味分佈圖

輕盈×酸味厚實

輕盈×酸味柔順

輕口感
（酒體輕盈）

蜜思嘉

崔比亞諾

蜜思卡得

麗絲玲

白蘇維翁

白詩楠

灰皮諾
（義大利產）

白皮諾

甲州

馬爾瓦西亞

白詩楠
（偏甜型）

綠菲特麗娜

發泡性葡萄酒

氣泡酒

酸味厚實

酸味柔順

夏多內
（歐洲產）

阿爾巴利諾

發泡性葡萄酒

香檳

橘酒

榭密雍

灰皮諾
（法國產）

夏多內
（新世界產）

維歐尼耶

格烏茲塔明那

重口感
（酒體飽滿）

厚重×酸味厚實

厚重×酸味柔順

葡萄酒 X 下酒菜
的餐酒搭配技巧

以口感搭配

一如食材與料理具有口感，飲品也會有口感之分，就像硬水與軟水的礦泉水，兩者喝起來會有不同的感受。葡萄酒同樣也會因為土壤等條件差異，形成各式各樣的口感。把重點聚焦在「口感」上，湯汁多又清爽的料理就搭配爽口的葡萄酒；濃稠的奶油白醬就配上口感濃厚的葡萄酒。讓料理跟葡萄酒在口中相互交融，品味舒適宜人的和諧感。

以顏色搭配

略帶淺綠的白酒、色調偏黃的白酒、橘酒、粉紅酒、亮紅色的紅酒、偏紫的紅酒……葡萄酒擁有豐富的色調，運用葡萄酒的色澤跟整體料理做配色也是一種餐酒搭配的方式。舉例來說，紅身的鮪魚搭配紅酒，而白身魚跟雞肉則選擇白酒。雖說也有例外情況，不過以配色來設計餐酒，看似毫無根據，卻往往出乎意料地合拍。

以酸味搭配

酸味是料理的重要元素。可以先試著拿酸味偏強的葡萄酒來搭配帶有酸味的料理，或以酸味較淡的酒搭配同樣比較不酸的菜色。假設想增加料理的酸度，也不妨借助酸味重的葡萄酒達成。除此之外，也要特別留意酸味的類型。葡萄酒有三種不同的酸味——檸檬般清爽的酸味、優格般滑順的酸味、醋一般帶有鮮味的酸味……如果懂得以酸味類別來搭配餐酒，那你就出師了！

以澀味搭配

有些人可能不喜歡紅酒的澀味，不過，請務必試一試以澀味搭配油脂的滋味！雖然常有人說「美味是由脂肪與糖組合而成」，但肉類的黏膩油脂和紅酒的澀味成分——「單寧」，在口中結合後轉變而成的鮮味，更是不容忽視。如果想再提升層次，不妨試著讓葡萄酒的單寧量跟肉類的油脂成正比，例如用澀味強的紅酒搭配佈滿網狀油花的沙朗和牛，澳洲牛肉則選搭口感清爽的紅酒。

一般都說肉類要配紅酒，實際上牛、豬、雞的口感、色澤、味道都不一樣，適合搭配的葡萄酒也有所不同。

所謂「餐酒搭配（Pairing）」，就是經過各種因素的考量，思考該以哪支酒來突顯食材風味的過程。下面介紹葡萄酒新手也能夠快速學會的訣竅。

以等級（價格）來搭配

黑毛和牛、鮪魚大腹肉……越是高級的食材，鮮味也更鮮明，葡萄酒亦是如此。高價的葡萄酒擁有相對綿長的尾韻，以料理規模來安排酒品，也是餐酒搭配的技巧之一。品嚐高檔食材時，就以同等級的葡萄酒來襯托，利用價格作為挑選標準。例如，想購買兩千元上下的霜降和牛來煮壽喜燒，那就大手筆買一支兩千元左右的紅酒吧！在家裡也能享受到不輸餐廳的頂級用餐體驗。

以山味或海味來搭配

於沿海地區釀造的葡萄酒，有時會帶有潮水的味道，風味多偏清爽，適合海鮮料理。而在山區釀造的葡萄酒多含有較強的酸味及果香味，口感富有層次起伏，與重口味的料理很契合。大家可以試著從海味或山味的角度來挑選餐酒，例如馬賽魚湯就配義大利或葡萄牙靠海地區的葡萄酒，蕈菇料理則搭配法國阿爾薩斯等山岳地區的酒款。

以心情來搭配

在晴天和雨天，想喝的飲品也會不同。晴天時總會想喝清爽的白酒，而雨天肯定適合細細品飲一杯濃郁紅酒。在悶熱的日子大口暢飲氣泡酒；在憂鬱的日子來一杯微甜葡萄酒；有好事發生的日子就給自己高級一點的勃根地……依照當天的心情來選擇想喝的酒款，再決定要搭配什麼料理，這樣的做法也十分有意思。你的身體會主動告訴你，當天的自己與哪些食物最對味。

以水來搭配

水是料理中不可或缺的元素。尤其是慣用高湯的日式料理，其重要性甚至到了堪稱「水料理」的地步。這些「水分」同時也是餐酒搭配中的重要元素。湯品或燉煮、焗烤等水分偏多的菜色，可以選搭氣候多雨的產地（如日本、葡萄牙）生產的葡萄酒，或是降雨量較多的年份。而像是炭烤這種會透過翻炒消除水分的食物，不妨搭配氣候乾燥的產地（如西班牙內陸區、澳洲），或是降雨量較少的年份。

\ 酒知識淺談 /

關於日本酒的種類，先記住這些重點！

日本酒主要分為三大類

不需要一下子記太多種類，只要先了解：①原料、
②精米步合、③釀製法，這三項的差異即可。

純米酒類
風味濃郁，
可感受到米
本身的味道

❶ 原料
米＋米麴＋水

本釀造酒類
清爽、柔順！
暢快的滋味

❶ 原料
米＋米麴＋水＋
釀造酒精

❷ 精米步合
低於 70%

吟釀酒類
用經過研磨的米釀
造出充滿果香的酒

❶ 原料
米＋米麴＋水
（＋釀造酒精）

❷ 精米步合
低於 60%

❸ 釀製法
吟釀釀造法

MEMO

何謂釀造酒精？

以甘蔗為原料製造而成的食用酒精。釀造酒精除
了扮演穩定日本酒品質的角色，還有提升香味，
讓口感喝起來更顯清爽的效果。

何謂精米步合？

精米步合指的是製酒原料米的研磨程度。米的表
層磨掉越多雜味越少，味道更顯晶透滑順。若文
字標示為精米步合60%，代表米的外層被磨掉
40%。

※日文的精米意為碾米，精米步合即是碾米比例的意思。

何謂吟釀釀造法？

吟釀法是指將研磨過的米以低溫緩慢
發酵的釀造法，能夠釀出香氣濃郁的
酒。其釀造方式沒有明確的統一規
範，每家酒廠的藏元（即釀酒廠的老
闆）都有自己獨特的釀造手法。

還可再細分成八個種類！

純米酒、本釀造酒、吟釀酒依據原料
與釀造法，可再細分成八種。
這八個種類稱為特定名稱酒。

特定名稱酒

精米步合	米、米麴	米、米麴 ＋ 釀造酒精
無規定	❶ 純米酒	
須低於 70%		❺ 本釀造酒
須低於 60%	❷ 特別純米酒	❻ 特別本釀造酒
	❸ 純米吟釀酒	❼ 吟釀酒
須低於 50%	❹ 純米大吟釀酒	❽ 大吟釀酒
	純米酒類	本釀造酒類

原料

吟釀酒類

※使用超過規定量的釀造酒精或
甘味料等原料及材料的日本酒，
稱為「普通酒」，藉以和「特別
名稱酒」做出區別。

即使商標相同（日文稱「銘柄」），也會再細分為純米酒或純米大吟釀。
日本酒種類繁多，名字又相似，乍看之下彷彿霧裡看花。
但其實只要搞懂箇中差異的重點，就能順利挑選。
接下來馬上就來介紹日本酒的八個基本種類。

日本酒的基本種類有下列這八種！

純米酒

各種料理都適合搭配
包容性超群的酒款

只用米、米麴和水釀造而成的酒。飽滿的米香為其特色，具有明顯的鮮味與濃郁口感，相當受到日本酒愛好者的喜愛。常溫狀態很好喝，也可以加熱品飲。純米酒可選搭非常多元的菜色，冷豆腐、鰤魚燉蘿蔔、馬鈴薯燉肉、焗烤海鮮等，從珍饈佳餚到罐頭料理都不違和，自己在家就能輕鬆搭配。

純米吟釀酒

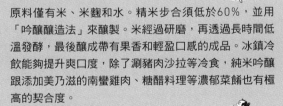

新手也容易入喉的
清爽風味日本酒

原料僅有米、米麴和水。精米步合須低於60%，並用「吟釀釀造法」來釀製。米經過研磨，再透過長時間低溫發酵，最後釀成帶有果香和輕盈口感的成品。冰鎮冷飲能夠提升爽口度，除了涮豬肉沙拉等冷食，純米吟釀跟添加美乃滋的南蠻雞肉、糖醋料理等濃郁菜餚也有極高的契合度。

本釀造酒

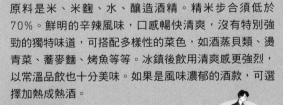

適合居家品飲
不會喝膩的淡雅口感

原料是米、米麴、水、釀造酒精。精米步合須低於70%。鮮明的辛辣風味，口感暢快清爽，沒有特別強勁的獨特味道，可搭配多樣性的菜色，如酒蒸貝類、燙青菜、蕎麥麵、烤魚等等。冰鎮後飲用清爽感更強烈，以常溫品飲也十分美味。如果是風味濃郁的酒款，可選擇加熱成熱酒。

吟釀酒

豐郁香氣和暢爽風味
交織成完美平衡

原料是米、米麴、水、釀造酒精。精米步合須低於60%，並用「吟釀釀造法」來釀製。添加釀造酒精更能突顯酒本身的香氣，打造出有稜有角的風味。香氣是吟釀酒的醍醐味，建議透過冷飲方式細細感受。選擇簡單調味的料理較佳，或是搭配當季生魚片、海鮮沙拉、天婦羅、燉牛筋等菜色也很適合。

特別純米酒

講究原料和釀造法的
「特別版」純米酒

特別純米酒與純米酒一樣，都是以米、米麴、水作為原料，而米必須符合精米步合60%以下的條件，或是採用特殊釀造方式來製作。雖然沒有明確規範，但基本上要使用有機栽培與木製壓榨器製作。特別純米酒的風味特徵和純米酒雷同，但其原料和獨特製法所衍生的特色也會反應在酒的風味裡。

純米大吟釀酒

可品嚐到華麗的香氣和甜味
充滿高雅風味的酒款

原料僅有米、米麴和水。精米步合須低於50%，並用「吟釀釀造法」來釀製。純米大吟釀的米研磨程度更高，味道更香醇且無雜味。不過加熱會導致香氣流失，請務必採用冷飲方式。很適合搭配海鮮、柑橘風味薄切牛肉、添加香草的料理、生火腿、乳酪等口感偏清爽的菜色。

特別本釀造酒

展現藏元釀製作風的
獨特本釀造酒

原料為米、米麴、水、釀造酒精。精米步合須低於60%，或採用特殊釀造方式。和特別純米酒一樣，採用各家獨創的原料組合跟釀製法來製作。風味特徵基本上與本釀造酒相同，但精米步合較低，口感更加清透。此外，酒本身也會因原料或釀製手法不同而產生豐富的特色。

大吟釀酒

銳利鮮明的口感與飽滿香氣
盡情享受爽颯的風味

原料為米、米麴、水、釀造酒精。精米步合須低於50%，並用「吟釀釀造法」來釀製。滋味比起吟釀酒更精練。口感相對輕盈，但有時又會展現令人驚豔的堅實風味。和吟釀酒相同，大吟釀也建議以冷飲方式享用。選擇添加香草或起司的料理，或者是含有煙燻類食材的菜色，可以感受到雅緻的餐酒交融感。

從日本酒的釀造方式
一窺風味特徵！

日本酒就是這樣釀製而成！

日本酒的釀製流程大致分為五個階段：①精米、②製麴、③製酒母、④製醪、⑤上槽～裝瓶。請大家至少記住這個流程！

※此為一般釀製流程，不同酒款及各家酒廠會有所差異。

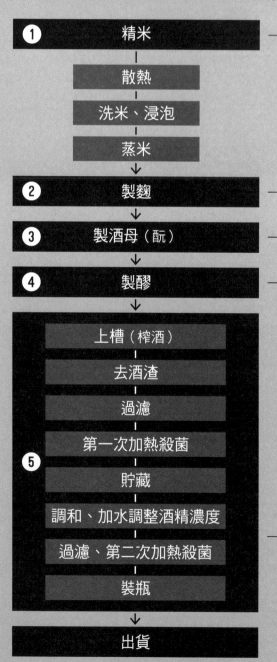

① 精米

↓

散熱

洗米、浸泡

蒸米

↓

② 製麴

↓

③ 製酒母（酛）

↓

④ 製醪

↓

⑤
上槽（榨酒）

去酒渣

過濾

第一次加熱殺菌

貯藏

調和、加水調整酒精濃度

過濾、第二次加熱殺菌

裝瓶

↓

出貨

① 精米

磨掉米的表層。由於削磨及摩擦的動作會使米產生熱度，必須先靜置於陰涼處（散熱），待清洗並泡入水中（洗米、浸泡），最後再蒸米。

② 製麴

將麴菌的孢子撒在蒸過的米（蒸米）上面，待其繁殖後製成米麴。米麴是將米的澱粉轉化成葡萄糖的要角。

③ 製酒母

將麴、水、蒸米、酵母、乳酸或乳酸菌加入容器內，讓酵母母大量增生（酒母）。此步驟所製成的酒母會將葡萄糖轉化為酒精。

④ 製醪

將酒母投入釀酒桶，分三次添加水、蒸米、米麴，使其發酵（呈現發酵狀態時即稱為酒醪）。有些做法會在發酵後另外添加釀造酒精。

⑤ 上槽～裝瓶

利用擠壓的方式，將酒醪分離成酒體和酒粕（上槽），再讓浮於酒中的澱粉雜質沉澱後去除（去酒渣）。過濾後，以約65℃的溫度加熱殺菌，並儲放一段時間待其熟成，接著加水調整酒精濃度（調和、加水），然後再過濾殺菌一次，即可裝瓶。

「荒走（Arabashiri）」、「無濾過」、「冷卸酒（Hiyaoroshi）」。
學會辨別純米酒、本釀造酒、吟釀酒後，馬上又出現各種神秘的術語。這
些用語時常在酒標上出現，讓很多人看得一頭霧水，但只要了解日本酒的
製程後，就會更容易理解這些術語代表的意義。

這些術語的意思！

生酛、山廢

從歷史悠久的釀造法
孕育出強勁的口感

生酛為製造酒母的傳統方式。以手工搗碎蒸米及米麴
（此步驟稱為「山卸」），藉由揮發在空氣中的乳酸菌
來培養酵母。和使用乳酸跟人工培養酵母所製成的酒母
相比更耗時費工，但鮮味濃厚，風味扎實。而省略山卸
步驟的製作方式便稱為「山廢」，其風味和生酛相似。

荒走、中取、責

從初榨到最後壓榨
在過程中逐漸變化的味道

在上槽階段，壓榨酒醪並分離成酒體和酒粕時，最初流
出的酒稱為「荒走（Arabashiri）」，特徵是爽快的口
感。接著濾出的酒稱為「中取（Nakakumi）」，優點
是風味均衡。最後濾出的部分稱為「責（Seme）」，
味道偏濃厚。通常酒廠會將這三種混合後裝瓶出貨，不
過最近也有一些酒廠選擇分開裝瓶。

生酒、生貯藏酒、生詰酒

因「加熱殺菌」的時間點與次數
而產生風味的變化

為了延長保存期，通常日本酒在過濾到裝瓶前會執行兩
次加熱殺菌的步驟。完全省略此步驟所製成的酒便稱為
「生酒」，具有豐厚的香味跟獨特的清爽感。此外，僅
省略第一次加熱殺菌的「生貯藏酒」和省略第二次加熱
殺菌的「生詰酒」，除新鮮風味外還帶有一絲圓潤感。
不過這三種酒都容易變質，務必冷藏保存。

原酒

強力衝擊口感的原酒
充滿日本酒的魅力

原酒即為不加水調整酒精濃度的日本酒。由於沒有加
水，酒精濃度高，香氣和風味都很濃郁。雖然原酒有著
日本酒愛好者無法抵抗的滋味，不過品飲時若覺得不順
口，建議可以加入冰塊。近來市面上也很流行不過濾、
不加熱、不加水，能品嚐到極其強勁爽快口感的「無濾
過生原酒」。

三段釀製、四段釀製

慢慢培養酵母
使其發酵的釀製法

在製醪的過程中，若一口氣加入水、蒸米、米麴會降低
酵母的活性，因此通常會分三次少量添加，慢慢讓其發
酵（此為「三段釀製」）。結束三段釀製後，若再添加
一次，能夠加強甜味，稱為「四段釀製」。第四次添加
時除了蒸米，有些還會投入糯米、粳米、甘酒等原料。

無濾過

可品嚐到日本酒的
原始鮮味和強而有力的口感

一般日本酒都會經過活性碳過濾，而刻意省略此步驟所
釀出的酒即是「無濾過酒」。由於酒本身幾乎是剛釀成
的狀態，仍殘留一些雜味，但其強而有力的風味依然擁
有不少忠實的擁戴者。有些酒款雖然瓶身標示「無濾
過」，但為了維持品質穩定，會以濾紙或濾網進行「素
過濾」的步驟。

新酒、初榨酒、冷卸酒

初春時節喝新鮮出爐的新酒
秋季就來一杯熟成的冷卸酒

在製酒的世界中，每年七月到隔年六月算一個年度，而
在年度內出品的酒即稱為「新酒」。也有一些酒廠將秋
冬時釀製，冬季至春季推出的生酒稱為新酒（或是「初
榨酒」）。另一方面，釀造於冬季，經春夏熟成，最後
在秋季出貨的酒則稱為「冷卸酒」。冷卸酒多為省略裝
瓶前第二次加熱殺菌的生詰酒。

古酒、長期熟成酒

充滿個性的古酒
和風味鮮明的食材是絕配

「古酒」指的是未在釀造年度出貨的日本酒。有一些
經長時間熟成的酒也會稱為古酒（或者是「長期熟成
酒」）。不同種類和熟成方法的日本酒帶有相異特徵，
長時間熟成的酒色澤偏深，香氣和風味也偏向濃厚複
雜。適合搭配乳酪這類具有熟成風味的食材，或是煙燻
等味道偏重的料理。

＼ 酒知識淺談 ／
認識日本酒的關鍵字

日本酒的酒標是資訊寶庫！

酒標上會標示許多前面介紹的術語。就算只知道特定名稱、精米步合、釀製法，也能夠推測出其口感特色。

商品名稱 ①
原料米的品種名稱 ③
推薦品飲溫度 ④
原料成分 ⑤
精米步合 ⑥
酒精濃度 ⑦

特定名稱 ②

其他標示項目

每一家酒廠的酒標內容多少有些不同，有些會另外標示「生酛」、「無濾過」、「生貯藏酒」等釀製特徵，或是酵母種類、日本酒內的糖分或酸度、氨基酸含量等詳細成分。

這些日本酒也值得關注！

除了前面介紹的酒款，市面還有很多饒富特色的日本酒。
有機會在商店裡看到時請務必試飲看看，從中找出喜愛的酒款！

滓酒（Origarami）

酒液色澤偏白，又稱「霞酒」

「滓（Ori）」指的是壓榨酒醪時，浮在酒中的澱粉顆粒和酵母等雜質。酒廠一般會先經過沉澱再去除酒粕，不過有些也會選擇保留這些成分直接裝瓶，這樣的成品即是「滓酒」。酒中有些微混濁感，可以品飲到強烈的米鮮味。

氣泡清酒

彷彿香檳般在口中彈跳的氣泡感

氣泡清酒即含有二氧化碳的日本酒。除了上述的活性濁酒之外，也可以採用不對酒醪加熱，直接裝瓶製成的氣泡清酒。另外還有在酒中加入酵母，使其在瓶中發酵的「瓶內二次發酵法」，以及人工添加二氧化碳的「二氧化碳注入法」。

濁酒

濁白色澤及柔順甜味非常療癒人心

濁酒是使用大網目的酒袋榨酒所得到的日本酒。酒裡保留比滓酒更多的沉澱物，米香味也更濃厚。未經加熱殺菌的「活性濁酒」中還有具活性的酵母持續在瓶中發酵，可以品嚐到發泡口感。

季節限定酒

感受季節感的風雅品酒方式

初春的初榨酒或秋季的冷卸酒，都是飽含當季風味的酒款。在專賣店裡，春季會擺出令人聯想到霞霧的滓酒（霞酒），或是貼有粉紅色酒標的酒款。到了夏季則會陳列著藍色瓶身，口感舒暢爽快的日本酒，在品飲中感受季節的變化。

\ 一目瞭然！/

這瓶日本酒是什麼味道？

第三章中
推薦搭配料理的酒款
都有專屬的圖示。

日本酒的四種風味類型

日本酒依照香氣及口感濃淡，
可以區分為四大類型。
下圖是將各種不同的日本酒酒款，
依照風味來定位的分佈圖。

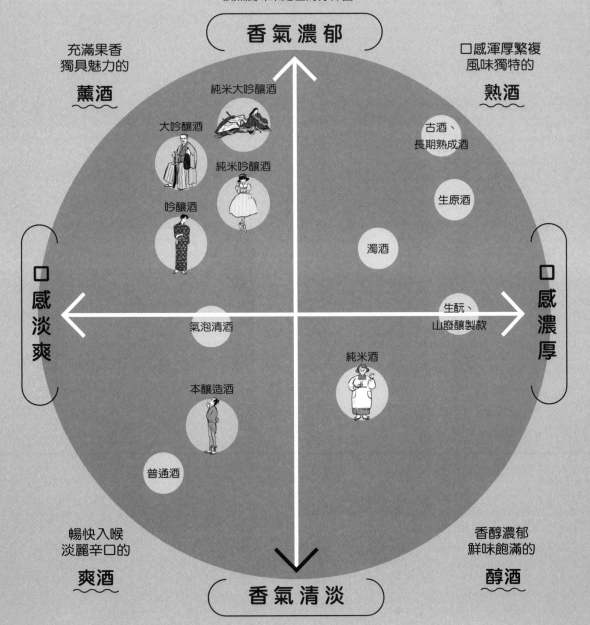

香氣濃郁

充滿果香
獨具魅力的
薰酒

口感渾厚繁複
風味獨特的
熟酒

純米大吟釀酒

大吟釀酒

古酒、
長期熟成酒

純米吟釀酒

生原酒

吟釀酒

濁酒

口感淡爽

口感濃厚

氣泡清酒

生酛、
山廢釀製款

純米酒

本釀造酒

普通酒

暢快入喉
淡麗辛口的
爽酒

香醇濃郁
鮮味飽滿的
醇酒

香氣清淡

\ 美味加倍的良緣組合 /

日本酒╳下酒菜
的餐酒搭配技巧

掌握重點
就能順利搭配！

日本酒的搭配性高，和各種料理幾乎都能對上。
不過根據不同的風味（P.29），仍有契合度的問題，
所以記住下列訣竅會更容易選搭。

以香氣搭配
——

選擇香氣特徵相近的料理是餐酒搭配
的經典作法。果香濃郁的薰酒適合搭
配添加水果的菜色，但不建議鮭魚卵
等味道迥異，或是有強烈香氣的料
理。如果是熟酒，則非常適合同樣有
熟成香氣的硬質起司。猶豫不決時，
不妨挑選香氣不強烈的爽酒及醇酒，
不僅和許多料理都容易搭配，遇到香
氣濃郁的菜色，或風味獨特的發酵食
品，也能夠襯托出它們的美味。

以風味搭配
——

薰酒是品味香氣的酒款，適合搭配白
身魚等清淡食材，調味上建議以清爽
簡單為主。而熟酒推薦搭配跟酒本身
的強力風味不相上下的重口味或香料
料理。爽酒通常會選搭味道相近的清
爽系菜色，不過配炸物一起吃也能幫
助解膩。香醇飽滿的醇酒可以配味
噌、醬油等調味厚實的料理。另外，
口感圓潤濃郁的奶油類菜色跟醇酒也
很合拍。

以溫度搭配
——

日本酒最大的魅力是既可冰鎮也可熱
飲，選擇個人偏好的溫度品飲。當酒
處於適合的溫度時更能拉提風味。雖
然每一種酒款略有不同，不過要讓薰
酒浮現最濃郁的香氣，品飲溫度建議
是10℃左右。熟酒則適合常溫，或
者微加熱到接近人體體溫的溫度。爽
酒可冰鎮到5℃左右來飲用，也適合
加熱。至於常溫就很美味的醇酒，如
果加熱到40℃至50℃左右，更能夠
加深其深厚的風味！除此之外，也可
以將溫度當成搭配菜色的標準，例如
熱酒跟熱呼呼的鍋物料理就是絕配。

以情境搭配
——

米的研磨程度較高的純米大吟釀酒，或是以特殊釀法
製成的日本酒，由於過程費工，價格也相對較高。所
以有些人認為越高貴的酒肯定越好喝，可是實際上，
若把味道強烈的醃漬花枝當成純米大吟釀的下酒菜，
反倒無法襯托出雙方的特色，可惜一桌好菜與美酒。
如果想在家裡品酒，包容性較高的本釀造酒和純米酒
反而有更多登場機會。不必一味追求高價，凡是適合
當下情境飲用的就是好酒。

這種情況怎麼辦？
葡萄酒&日本酒的實用Q&A

「不知道該怎麼購買葡萄酒」、「日本酒應該怎麼保存？」……
下面彙整了品酒新手常遇到的各種問題，請侍酒師為大家逐一解答。

Q 品飲葡萄酒或日本酒時，
應該用什麼玻璃杯或酒器？

| about WINE |

A

在家品酒，
用什麼杯子都沒關係！
不過隨著酒杯不同，
風味也會產生變化。

不管要用玻璃杯還是陶製茶杯來品酒，都可以自由選擇！不過葡萄酒的風味及口感，的確會隨著玻璃杯形狀出現明顯變化。杯口較寬廣的杯型，有助於讓單寧變得柔和滑順。圓杯身、窄杯口的形狀則能帶出細緻香氣。細長的笛型杯可以清楚看見漂亮的氣泡，適合用來裝氣泡酒。可以像玩遊戲一樣蒐集幾種不同的玻璃杯來品嚐相同酒款，比較其中差異。如果不想購買太多酒杯，我推薦木村硝子店的「10盎司葡萄酒短笛杯」，價格和尺寸都正剛好！

| about SAKE |

A

日本酒的酒器，
足以翻轉給人的形象。
建議替喜歡的酒款，
挑選合適的杯子。

日本酒呈現的氛圍會因為酒器材質、形狀、大小而改變。第29頁曾介紹過日本酒風味的四大類型，每一種類型適合的酒器都不盡相同。香氣濃厚的薰酒適合有助擴散香氣的大開口喇叭型酒杯，使用葡萄酒杯也別有一番風味；口感濃郁的熟酒大部分是小口品飲，適合用烈酒杯（SHOT杯）盛裝；暢快爽口的爽酒多為冷飲，為了避免太快回溫，建議選用小型酒杯；厚重口感的醇酒則非常適合搭配有份量感的日式酒器。隨著季節變化更換酒杯也是一種風雅的做法。

Q 去酒類專賣店時架上琳瑯滿目，
不知道該買哪一瓶……

| about WINE |

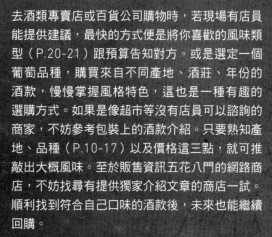

A

店內是否有能提供諮詢
的店員，在選購技巧上
有很大的差別。

去酒類專賣店或百貨公司購物時，若現場有店員
能提供建議，最快的方式便是將你喜歡的風味類
型（P.20-21）跟預算告知對方。或是選定一個
葡萄品種，購買來自不同產地、酒莊、年份的
酒款，慢慢掌握風格特色，這也是一種有趣的
選購方式。如果是像超市等沒有店員可以諮詢的
商家，不妨參考包裝上的酒款介紹。只要熟知產
地、品種（P.10-17）以及價格這三點，就可推
敲出大概風味。至於販售資訊五花八門的網路商
店，不妨找尋有提供獨家介紹文章的商店一試。
順利找到符合自己口味的酒款後，未來也能繼續
回購。

| about SAKE |

A

關鍵是清楚表達自己的
喜好。個人的飲酒量也
會影響推薦的酒款。

有店員能夠詢問時，不妨告訴對方你的喜好，還
不習慣喝日本酒的人，也可以用其他酒類來形
容，例如「我喜歡朝日啤酒的Super Dry」這樣
的說法。另外，預計喝多少也是一大重點。想要
喝很多酒的話，建議選無甜味的辛口酒款。如果
是要慢慢品飲，那就選芳香濃醇，尾韻綿長的酒
款。不同的飲酒量適合不一樣的酒類。當然也可
以先選擇想要搭配的料理再詢問適合酒款。若現
場無法諮詢，也可以參考瓶身酒標（P.28），從
詳細製造資訊來決定。雖然網路商店也很方便，
不過要避免受到顧客評價的影響，畢竟有個人主
觀之別，僅能提供參考。

Q 購買回家的葡萄酒和日本酒該怎麼存放呢？

| about WINE |

A

葡萄酒最怕溫度變化！
請存放在冰箱
或陰涼處。
開瓶後要將軟木塞塞回。

夏季時，若購買放在冰箱或酒櫃裡的酒，請記得
使用保冷袋，並在回家後馬上收進冰箱。如果冰
箱不方便收納，請盡量尋找溫度變化較小的陰涼
處存放。葡萄酒開瓶後，請將軟木塞塞回原位封
口並收進冰箱。若隔日飲用時沒什麼影響，可以
分成幾天慢慢喝掉，體會其中的細微變化。如果
酒味到隔天已出現變質情形，請馬上喝掉。自然
葡萄酒則建議當天飲用完畢。

| about SAKE |

A

「釀製過程是否經過加
熱殺菌」是選擇存放地
點的判斷標準。
請好好享受開瓶後的酒味變化。

一般而言，釀製過程有經過兩次加熱殺菌的日本
酒，放在陰涼處保存即可。如果是未經加熱的生
酒，則需要冷藏保存避免變質。以長時間低溫發
酵釀製的吟釀酒最好也放入冰箱保存。雖然日本
酒並無實質上的保存期限，但酒液一旦接觸到空
氣，風味即會產生變化。可以分天品嚐開瓶後的
酒味變化，但盡量在十天內飲用完畢為佳。如果
酒中已經產生怪味，出現劣化情形，可以拿來當
作料理酒使用。

本書的使用方式

為了讓大家能夠輕鬆練習搭配餐酒，書中特別將適合該料理的
葡萄酒或日本酒，以一目瞭然的方式標示在各食譜中。

① 依照菜色來挑選酒款

食譜上皆標示出適合該料理的葡萄酒和日本酒圖
示。大家可以透過第20～21頁以及第29頁的風
味分佈圖事先掌握「哪些菜單適合搭配哪些酒」
作為選酒參考。此外，食譜裡也會列出侍酒師給
予的餐酒建議。

各種葡萄酒和
日本酒的代表
圖示

侍酒師的餐酒
搭配建議

葡萄酒的代表圖示

紅酒	紅酒	紅酒	紅酒
輕盈×酸味強	輕盈×澀味強	厚重×酸味強	厚重×澀味強

白酒	白酒	白酒	白酒
輕盈×酸味厚實	輕盈×酸味柔順	厚重×酸味厚實	厚重×酸味柔順

粉紅酒	橘酒	氣泡酒	粉紅氣泡酒

日本酒的代表圖示

純米吟釀酒　　純米大吟釀酒　　本釀造酒、
　　　　　　　　　　　　　　　特別本釀造酒

吟釀酒　　　　大吟釀酒　　　　純米酒、
　　　　　　　　　　　　　　　特別純米酒

② 依照酒款來挑選菜色

第140～141頁的附錄中，收錄了侍酒師實際試
吃各項料理後，挑出適合搭配的葡萄酒和日本酒
列表。只要參照此列表，便可馬上了解各種酒款
適合的料理！歡迎大家用「買橘酒後，就來挑戰
做這道料理」的心情，以酒款為基準來設計菜單
組合。

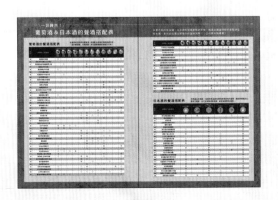

本書食譜的使用方式

材料基本上分為兩人份、四人份等容易料理的份量。
- 一小匙＝5ml。一大匙＝15ml。
- 若無特別標示，微波爐基本上皆為600W。如果只
  有500W，請將加熱時間拉長為1.2倍。各微波爐機
  型的加熱時間略有差異，請按照實際情況調整。
- 書中基本上都是使用鐵氟龍塗層的不沾平底鍋。
- 若無特別標示，料理步驟中的蔬菜類皆已經過清洗
  及削皮等前置作業。
- 火力方面若無特別標示，請以中火料理。

CHAPTER 1

用2種食材輕鬆締結
餐與酒的美妙婚姻

在食材與食材的結合下，誕生出垂涎的餐酒料理。
即便是再簡單也不過的烹調方式，
經過交織組合，也能形成極致的味蕾體驗。
2種食材，加上調味料和香草，
吃下一口後不禁喊出「好吃耶！」的驚艷合奏。
這時再啜飲一口精挑的葡萄酒或日本酒，
瞬間湧上的幸福感難以言喻。
充滿自由度的餐酒搭配，「家的餐酒館」正式開張。

【葡萄酒監修】

岩井穗純
HOZUMI IWAI

曾任職於東京都內的葡萄酒吧及餐廳，並在神樂坂「L'Alliance」擔任侍酒師多年。之後在丸之內「MARUGO LUNA SOLA」擔任經理兼侍酒師，並同時從事奧地利葡萄酒進口顧問、隱密餐廳顧問等工作。2016年後，一邊在築地開設葡萄酒專賣店&酒館「酒美土場」，一邊擔任國際葡萄酒學院的講師。除此之外，也是AWMB奧地利葡萄酒協會認證大使（2011年起）、日本J.S.A認證侍酒師、「梶田泉起司教室」葡萄酒講師、「Vinoteras葡萄酒教室」講師，活躍於與葡萄酒相關的各個領域。

上田淳子的2種食材餐酒料理

信手捻來的罐頭食品，在經過香草的風味加持後，
立即躍升為葡萄酒下酒菜，抹在法國麵包上更是美味！

鯖魚罐拌蒔蘿

鯖魚罐頭×蒔蘿

 橘酒　 紅酒　 粉紅酒

輕盈×酸味強

魚肉最常搭配白酒，但這道料理反
而更推薦可以帶出甜味的橘酒或輕
盈的紅酒，能夠緩和鯖魚特有的濃
郁味道。

食材　2-3人份

水煮鯖魚罐 1罐（200g）
蒔蘿 4枝
檸檬汁 1小匙
橄欖油 1/2大匙
醬油 少許

作法

1. 鯖魚罐瀝乾。蒔蘿去除硬梗後，切小段。

2. 在大碗裡混合檸檬汁、橄欖油、醬油後，加入步驟1充分拌勻、即可盛盤。

奶油的香氣加上鮭魚卵的鮮味，
看似意外的組合在口腔中交互作用，
結合成一場完美的餐酒聯姻！

鮭魚卵奶油 開放式三明治

鮭魚卵×奶油

 橘酒　白酒　白酒

輕盈×
酸味柔順　厚重×
酸味柔順

這道料理推薦搭配橘酒，不僅能掩
飾鮭魚卵本身的腥味，還能帶出濃
厚的甜鮮。選擇和黏滑口感很搭的
柔順白酒也很適合。

食材　2人份

鮭魚卵（鹽漬）50g
奶油（無鹽）20g
鄉村麵包或燕麥麵包（切1cm厚）2片
粗磨黑胡椒 適量

作法

在麵包片上依序擺放切成薄片的奶油、
鮭魚卵，再撒上粗磨黑胡椒即可。

Recommended WINE

白酒	紅酒	白酒
輕盈x 酸味柔順	輕盈x 澀味強	厚重x 酸味柔順

這道料理適合的酒很多，尤其推薦羅亞爾河安茹地區的白葡萄酒，柔順的甜度和濃稠的酒粕搭配得恰如其分。

酒粕x戈貢佐拉藍紋起司＋蜂蜜

這道料理的重點，
在於酒粕和藍紋起司不要拌勻，
才能享受到發酵食品的豐富層次！

酒粕藍紋起司
蜂蜜開胃小點

食材 2-3人份

酒粕 30g
戈貢佐拉藍紋起司30g
　（或其他藍紋起司）
蜂蜜 適量
法國麵包薄切片 6-8片

作法

① 法國麵包片先用烤箱烤到表面金黃酥脆。

② 放上隨意剝成小塊的藍紋起司和酒粕，再淋上蜂蜜即完成。

Recommended WINE

白酒	白酒	白酒	橘酒
輕盈x 酸味柔順	厚重x 酸味厚實	厚重x 酸味柔順	

白酒能夠襯托出油豆腐的香氣和藍紋起司的鹹味。尤其推薦阿爾薩斯的白酒，果香濃郁、口感滑順。

油豆腐x戈貢佐拉藍紋起司

油豆腐烘烤過後的油香，加上濃稠的藍紋起司，
獨特的鹹味、層次、香氣，
搭配葡萄酒再適合也不過。

藍紋起司油豆腐

食材 2人份

厚油豆腐 1片（200g）
戈貢佐拉藍紋起司50g
　（或其他藍紋起司）

作法

① 將厚油豆腐切成1.5cm的方塊狀。

② 接著排入耐熱容器中，進烤箱烤約5分鐘至表面稍微上色、變脆後取出，再撒上隨意剝小塊的藍紋起司，放回烤箱烤到起司略微上色，大約5分鐘。

將經典日式食材結合橄欖油而成的溫醇風味，
吃起來很清爽，很適合當最後的收尾料理。

蜜漬梅乾
拌羊栖菜

梅乾 × 羊栖菜

食材　方便製作的量

羊栖菜（乾燥）15g
梅乾（蜜漬）4個
橄欖油 1小匙

作法

1　將羊栖菜泡水約20分鐘還原後，用清水略為洗淨瀝乾，再切成容易食用的大小。接著放入耐熱容器中，封上保鮮膜，微波加熱3分鐘。取出後靜置放涼，在篩網上瀝乾水分。梅乾去籽切碎。

2　在碗中放入羊栖菜、梅肉、橄欖油拌勻。如果覺得味道太淡，再加少許鹽巴、醋（材料分量外）調味。

Recommended WINE

粉紅酒　紅酒

輕盈 × 酸味強

品嚐梅乾的酸味時，粉紅酒是比白酒更好的選擇，無論偏甜或無甜味的酒種都可以，也推薦帶有些許酸味的紅酒。

Recommended WINE

白酒　白酒　橘酒　粉紅酒

輕盈 ×
酸味厚實　　輕盈 ×
酸味柔順

輕盈系白酒能夠同時襯托出蓮藕的清脆口感和芥末籽醬的風味，喝起來清爽順口、舒適迷人。

蓮藕 × 芥末籽醬

食材　2-3人份

蓮藕 250g
沙拉油 1大匙
鹽、胡椒 各適量
芥末籽醬 1½大匙

作法

1　蓮藕仔細洗淨後，去皮縱切對半，再切成1cm厚的半圓片或是1/4圓片。

2　平底鍋中倒入沙拉油，以中火加熱後，放入蓮藕片。暫時不要翻面，煎到出現香氣、金黃上色後，再翻面煎到金黃。加入鹽、胡椒調味後關火，拌入芥末籽醬即完成。

以芥末籽醬濃郁的酸味製造味覺亮點，
顛覆和食平淡印象、讓人上癮的一道前菜。

芥末籽醬炒蓮藕

Recommended WINE

 粉紅酒 紅酒 白酒 橘酒

輕盈×　厚重×
澀味強　酸味柔順

搭配這道前菜時，最推薦不帶甜味
的粉紅酒。入喉順暢，同時又含有
能夠提升牛脂豐美的單寧，和西洋
菜的微苦相得益彰。

五十嵐大輔的
2種食材餐酒料理

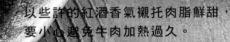

牛肉x西洋菜＋紅酒

以些許的紅酒香氣襯托肉脂鮮甜，
要小心避免牛肉加熱過久。

高湯浸煮牛肉西洋菜

食材 2人份

牛肉片100g
西洋菜 1株
A ｜ 高湯 90ml
　　紅酒 2大匙
　　味醂、醬油 各1大匙

作法

將A倒入鍋中，開中火煮滾後轉小火，放入切成
4cm長段的西洋菜、牛肉片煮約30秒即可。盛
盤後，可以再依喜好撒點黑胡椒（材料分量
外）增添風味。

以橄欖油的風味包覆魚卵特有的香氣。
烏魚子和蕪菁的雙重口感，讓人欲罷不能。

油拌蕪菁烏魚子

|Recommended WINE|

脆口的蕪菁加上有點黏牙的烏魚子，利用輕盈清爽的白酒，讓兩者的口感在嘴裡完美融合。

白酒

橘酒

輕盈×
酸味厚實

食材 2人份

蕪菁 2顆
（沒有可改用白蘿蔔）
烏魚子（市售）20g
鹽 1小匙
橄欖油 1大匙

POINT

以烏魚子
搭配葡萄酒時

有時單吃烏魚子配葡萄酒，烏魚子的腥味會格外明顯。先以橄欖油等油脂調味，可以讓氣味因子化在油脂中，成為與葡萄酒相輔相成的絕妙下酒菜。

作法

1 蕪菁切掉葉子後，連皮切成3mm厚度的半月形片狀。葉子切成小片。將蕪菁和葉子用鹽拌勻後靜置15分鐘，待蕪菁軟化後輕輕把水擠乾。

2 在碗中放入步驟1、切成1-2mm厚的烏魚子片，淋上橄欖油，依照喜好撒點黑胡椒（材料分量外）即可。

蕪菁×烏魚子＋橄欖油

鯛魚×鹽昆布＋檸檬

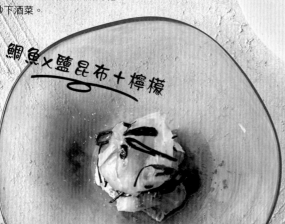

具有高級感的細緻鯛魚和鹽昆布結合後美味倍增！
透過些許的檸檬香氣，
搭起日式食材和葡萄酒的橋樑。

鹽昆布檸檬涼拌鯛魚

Recommended WINE

白酒

白酒

粉紅酒

輕盈×
酸味厚實

輕盈×
酸味柔順

充分發揮檸檬香氣的料理，很適合搭配產自奧地利的綠菲特麗娜等，酸度柔順的白酒。

食材 2人份

鯛魚（生魚片用）80g
鹽昆布 5g
綠檸檬 1/4顆
檸檬皮屑 適量

作法

鯛魚斜切薄片，和鹽昆布一起放入碗中，擠入檸檬汁拌勻。盛盤後撒上少許檸檬皮屑即完成。

在味道溫和的蛋花中，浮現讓人為之一亮的孜然香氣，躍升為和葡萄酒絕配的下酒料理。

孜然蛋花牡蠣

Recommended WINE

孜然風味的料理，搭配與香料最為合拍的橘酒是上上之選。氣泡酒或輕盈的白酒，也是享用牡蠣時的不敗組合。

（橘酒）（白酒）（氣泡酒）

輕盈×酸味柔順

食材 2人份

牡蠣 150g
雞蛋 2顆
A｜柴魚高湯 1/2杯
　｜味醂 2大匙
　｜醬油 1⅓大匙
孜然籽（完整）2小匙

作法

❶ 牡蠣用鹽水（材料分量外）洗淨，再以餐巾紙拭乾水氣。雞蛋打勻成蛋液。

❷ 在小鍋中放入A，開中火煮至沸騰後，放入牡蠣煮2-3分鐘。撒上孜然籽，將蛋液繞圈淋入，加熱到蛋液半熟後，關火，蓋鍋蓋燜1分鐘左右即可。

牡蠣＋雞蛋×孜然

蛤蜊和芹菜在法國幾乎是經典的招牌組合。如果沒有白芹，也可以改將西洋芹切成薄片使用。

酒蒸白芹蛤蜊

蛤蜊×白芹

食材 2人份

蛤蜊（已吐沙）200g　　昆布 7cm片狀
白芹 50g　　　　　　　鹽 1小撮
酒 1/4杯　　　　　　　醬油 1/2小匙

作法

❶ 將蛤蜊的殼相互搓洗乾淨後，拭乾水分。白芹切除根部，再切成3cm長段。

❷ 鍋中放入蛤蜊、1/2杯水（材料分量外）、酒、昆布，開中火，煮沸到蛤蜊開殼後，加入鹽、醬油調味，放入白芹段後，攪拌至白芹軟化即可。

Recommended WINE

蛤蜊的高湯和橘酒是天作之合。還有像是義大利薩丁尼亞島的維蒙蒂諾（Vermentino）等，酸味柔順的白酒也十分相襯。

（白酒）（橘酒）

輕盈×酸味柔順

Tsurezure Hanako的 2種食材餐酒料理

熱騰騰的馬鈴薯裹上濃厚韓式辣椒醬,
對比強烈卻又和諧的滋味在口中擴散。
製作粉吹芋時,最推薦使用鬆軟的男爵馬鈴薯。

異國風粉吹芋

馬鈴薯X香菜

食材 2人份

馬鈴薯 2顆
A 韓式辣椒醬 2大匙
　　醬油 1大匙
　　水 2杯
芝麻油 1小匙
香菜(隨意切,讓香氣釋放)1根

作法

1. 馬鈴薯切成約四等份的大塊。

2. 接著和A一起放入鍋中,蓋上鍋蓋開小火,煮到水分收乾後,轉大火、搖晃鍋子,做出表面呈粉狀的粉吹芋。

3. 最後加入芝麻油拌勻,盛盤,撒上香菜即可。

粉紅酒　白酒　粉紅氣泡酒　氣泡酒

輕盈 ✕
酸味柔順

草莓和粉紅酒，無論在味道或色澤
上都搭配得天衣無縫。淺甜的柔順
白酒，也可以讓卡門貝爾的口感更
為出色。

草莓和起司是絕妙的搭擋！
撒點黑胡椒，瞬間提升成大人感風味。

蜜漬草莓
佐炙燒卡門貝爾

草莓✕卡門貝爾起司

食材　2人份

草莓 6顆
卡門貝爾起司 1個
A｜迷迭香 1枝
　｜蜂蜜 1/4杯
　｜現擠檸檬汁 1/4顆

作法

1　草莓切成四等分放入
　　容器中，加入A浸泡至
　　少30分鐘。

2　卡門貝爾先削掉最外
　　層的硬皮，再放入烤
　　箱烤5分鐘，盛盤後放
　　上步驟1的草莓、依喜
　　好撒少許黑胡椒（材
　　料分量外）即可。

甘栗✕培根

使用市售甘栗輕鬆完成的懶人料理。
香甜的栗子加上培根的油脂，
忍不住吃了一口又一口！

甘栗培根捲

粉紅氣泡酒　粉紅酒　白酒　橘酒

輕盈 ✕
酸味柔順

栗子細膩的口感和甜味，經過愉悅
的香檳氣泡洗禮後更為出眾。搭配
微甜的粉紅氣泡酒也恰到好處！

食材　2人份

甘栗（市售）8顆
培根 4片
橄欖油 1小匙

作法

1　培根對半切短，每半片捲一
　　顆甘栗。

2　平底鍋淋少許橄欖油，開小
　　火，並排放入步驟1，煎到
　　表面上色即可。

在口感清爽的蘘荷中，
加入魚露和芝麻油增加層次，
立即成為酒席上展露頭角的名品。

魚露番茄拌蘘荷

番茄×蘘荷＋魚露

食材　2人份

大番茄、蘘荷　各1顆
魚露　1大匙
芝麻油　1小匙

作法

① 番茄隨意切塊、蘘荷切
小片。

② 在碗上放入步驟1、魚
露、芝麻油拌勻即可。

納豆加上巴西里！？
透過橄欖油結合這兩種迥異食材，
成為讓人一吃上癮的獨特料理。

滿滿巴西里納豆小點

納豆×巴西里＋橄欖油

食材　2人份

納豆　1盒
橄欖油　1大匙
切碎的巴西里　1大匙
醬油　1小匙

作法

1　納豆用筷子充分拌開後，
加入橄欖油、醬油拌勻。

2　盛盤，撒上巴西里碎，仔
細攪拌後即可食用。

CHAPTER 1

高橋善郎的2種食材餐酒料理

Recommended SAKE

純米吟醸酒　大吟醸酒　純米大吟醸酒

無花果細緻的甜味，最適合搭配香氣華麗的純米吟醸酒或純米大吟醸酒。除此之外，水果與帶有甜度的生酒和生原酒也是絕佳組合。

加入鹽、黑胡椒調味，
鮮奶油三明治也能成為餐酒料理！
夾入生火腿一起吃也相當美味。

無花果黑胡椒三明治

無花果×鮮奶油＋黑胡椒

食材 2人份

吐司片（8片裝的厚度） 4片
無花果 2顆
打發鮮奶油（市售） 200-300g
日本柚子皮絲 1小匙
鹽、粗磨黑胡椒 各適量

作法

① 無花果對半縱切，將其中一半再對半縱切。

② 混合打發鮮奶油、柚子皮絲。

③ 取兩片吐司，單面抹上1/4分量的步驟2。在其中一片上擺放一半的步驟1後，蓋上另一片吐司，再用保鮮膜包裹起來。依序再完成一份三明治後，放入冷藏10分鐘。取出後，對半切開盛盤，撒上鹽、粗磨黑胡椒調味即可，也可以依喜好放上柚子和細葉香芹（材料分量外）點綴。

POINT

打造「夢幻切面」的方法

把無花果最厚的地方，擺在預計切開的線上。奶油也盡量在中間堆厚一點，再用保鮮膜包起來放冰箱冷藏，讓味道更融合、定型後再切開。

Recommended SAKE

本釀造酒、　純米酒、
特別本釀造酒 特別純米酒 純米吟釀酒

大蒜的風味濃烈，因此適合
佐配香氣內斂的本釀造酒、
純米酒。加熱時避免燒焦，
焦香在這道料理上會成為品
酒時的干擾元素。

加入爽脆的柴漬醬菜
後，炒蛋也能譽升餐酒
料理。因為本身帶有鮮
味和酸味，搭配各式日
本酒都很對味。

Recommended SAKE

本釀造酒、　純米酒、
特別本釀造酒 特別純米酒 純米吟釀酒　吟釀酒

柴漬醬菜×炒蛋

鮑仔魚×蒜油

將魩仔魚的美味濃縮在油中！
烹調時充分加熱、小心不要燒焦。

魩仔魚麵包片

食材 方便製作的量

熟魩仔魚 30g
A｜蒜末 4瓣
　｜橄欖油 4大匙
　｜鹽 少許
大番茄、法國麵包片、粗磨黑胡椒 適量

作法

1 平底鍋上放入 A，開小火充分加熱約5分鐘
後，放入魩仔魚煎2-3分鐘。

2 容器上擺放番茄切片、表面烤到上色的法國麵
包片，再放上步驟1，撒上粗磨黑胡椒即可。

柴漬醬菜的口感是這道料理的亮點！
高菜或其他醃漬菜的口味也很值得一試。

柴漬炒蛋

食材 方便製作的量

雞蛋 3顆
柴漬醬菜 30g
鹽、橄欖油、巴西里 各適量

作法

1 將雞蛋打入碗中拌勻，放入柴漬醬菜、鹽後，
攪拌均勻。

2 在平底鍋中倒入橄欖油，開中火熱鍋後，倒入
步驟1。一邊加熱一邊用筷子將蛋液繞圈，當
整體呈現半熟狀態後，盛盤，撒上切碎的巴西
里即可。

溫和的起司加上山葵的嗆辣，
僅僅醃漬過就是究極的美味。

山葵醬油漬莫札瑞拉

食材 方便製作的量

莫札瑞拉起司（一口大小）　1包
杏仁果 適量
A｜醬油 2大匙
　｜山葵泥 1小匙

作法

將 A 拌勻後，倒入夾鏈保鮮袋中，再放入
莫札瑞拉起司，壓出空氣後密封起來，
放冰箱冷藏靜置10～20分鐘。取出後盛
盤，撒上切碎的杏仁果即完成。

莫札瑞拉×山葵醬油

酪梨×鹽昆布＋芝麻油

鹽昆布的鹹味加上芝麻油的香氣，
酪梨也能夠成為層次豐富的美味下酒菜。

鹽昆布酪梨

食材 方便製作的量

酪梨　1顆
A｜鹽昆布 20g
　｜芝麻油 少許

作法

酪梨對半切後，去籽
剝皮，切成1～2cm
的小丁，放入碗中，
再加入 A 拌勻即可。

完美詮釋餐酒搭配的日本店家 ❶

浮雲
ukigumo

DATA

〒106-0031東京都港區西麻布4-4-9麻布ミヤハウスB1

☎ 03-6452-6953

預約方式：從「食べログ」的網站或到店預約。

劇場型吧台的中華料理。
以少量多品項為特色，能夠一次品嚐多達30道下酒菜的豐富套餐。

2020年在廣尾開幕後，好評快速升溫，瞬間成為最難預約的熱門店家。沿著階梯下樓後推開門，圍繞著料理台的寬敞吧台印入眼簾。餐點在主廚的吆喝聲中一口氣上桌，一道道傳遞出職人的料理堅持。店裡只有套餐沒有菜單，「少量多品」的魅力無庸置疑，能夠奢侈享受到多達30道的料理，每一道都是沒有絲毫妥協、令人感動的美味。（本店於2022年重新整修開張，並改名為「蓮 de Series」）

口水牛

竹墨蘿蔔麻糬

北京烤鴨

植物肉燒賣和雞肉燒賣

可以體驗到什麼樣的餐酒搭配？

「浮雲」搭配的酒品範圍廣泛，主要選用啤酒、葡萄酒、雞尾酒等酒精濃度低的飲料。侍酒師會依照當日進貨的食材、客人口味搭配餐酒，確保能夠襯托料理的最佳鮮度。當然，即便是不喝酒的客人，也可以享用精心挑選的美味無酒精飲品。

搭配餐酒時，除了不能忽略酒品和料理間的和諧，也要留意每位客人的喜好。

活用中華料理的經驗，卻不能因此受限。以世界上各式各樣的食材，將季節感化為一道道獨創的菜色，才能堆砌出少量多品項的完整套餐。

侍酒師
進藤幸紘先生

主廚
鬼崎翔大先生

＼本書限定！／
侍酒師親自傳授的獨創雞尾酒！

配方提供：近藤幸紘

可爾啤酒
Calbeer

材料　180ml玻璃杯

可爾必思…15ml
綠檸檬汁…5ml
啤酒…適量
黑七味粉（或七味唐辛子）…適量
「無酒精版的配方」
將啤酒換成無酒精啤酒。

作法

在玻璃杯中擠入檸檬汁、倒入可爾必思，接著快速倒入一半啤酒，讓表面產生綿密的氣泡。靜置約10秒後，沿著邊緣緩緩倒入剩下的啤酒至滿杯，再依喜好裝飾檸檬、撒上黑七味粉即完成。

托瑪西托Tomahit

材料　180ml玻璃杯

白蘭姆酒（或燒酎）…1大匙
大番茄（糖度高的品種）…1顆
黑糖（或其他砂糖）…1大匙
黃檸檬汁…1小匙
迷迭香…1枝（或羅勒葉1片）
氣泡水…適量
「無酒精版的配方」
省略白蘭姆酒或燒酎。

作法

將番茄切成小丁，和黑糖、檸檬汁一起拌勻後靜置半天（沒有時間的話就用湯匙快速攪拌均勻），接著挖2大匙到玻璃杯中，再倒入白蘭姆酒或燒酎，加冰塊，倒滿氣泡水。用湯匙攪拌後，插入迷迭香即完成。

茉莉氣泡酒
Sparkle Jasmine

材料　180ml玻璃杯

濃茉莉花茶…1大匙
氣泡葡萄酒…適量
蒟蒻果凍…1個
「無酒精版的配方」
將氣泡葡萄酒換成氣泡水和通寧水，倒滿玻璃杯。

作法

在鬱金香香檳杯（或是窄口的玻璃杯）中放入蒟蒻果凍，倒入濃茉莉花茶，最後倒滿氣泡葡萄酒即可。

JULIA

DATA

〒150-0001 東京都
澀谷區神宮前3-1-
25-1F
☎ 03-5843-1982
預約方法：僅接受官
網預約

以獨到的靈感設計出套餐料理，
搭配葡萄酒為主的餐酒，
打造令人耳目一心的新時代餐酒館。

位於東京‧外苑前，只有吧台座位的餐酒館。採取無菜單的
完全預約制。散發洗練俐落感的空間、「創新無國界」的獨
特料理，不斷刺激感官的細節鋪陳，造就出讓人印象深刻的
特別體驗。在呈現出生活感的吧台上，感受由主廚NAO和侍
酒師老闆本橋先生協力演奏的料理╳葡萄酒共鳴。JULIA的
核心在於「食材」，將各式食材的魅力發揮到最大值，以前
所未見的手法烹調，做出在視覺上誘人，在味蕾上帶來美味
衝擊的料理。非常值得親臨感受的餐酒體驗。

爐烤春季蔬菜，佐上
海螺肝和蜂斗菜製成
的醬汁。秋季以蕈菇
或根莖類蔬菜為主，
夏季則著重葉菜類，
品味季節的更迭變
化。

JULIA引以為傲的「創新無國界料理」是什麼？

不受派別或區域限制的料理。在法式
的烹調技巧中，加入美式的創意、日
式的食材，融合各個國家的料理精
髓，創作出獨一無二的珍饌。每月更
換一次的菜單，都是倆人反覆討論推
敲出的成果。這間店的料理發想是從
每個月採購的酒中誕生，是貨真價實
的「餐酒聯姻」！

NAO主廚

經過一週熟成的馬賽
魚湯。「這是馬賽魚
湯？」上桌時油然而生
的困惑，在將紅白醬汁
放入口中後立即一掃而
空，融合成名符其實的
馬賽魚湯。

可以體驗到什麼樣的餐酒搭配？

以葡萄酒為主的餐酒組合。從
經典紅白酒到橘酒等自然系酒
種都有，配對出不同凡響的華
麗「婚姻」。在無酒精的品項
上也毫不馬虎，提出各式各樣
充滿魅力的選擇，尤其是自家
研製的無酒精紅酒和白酒，和
店裡的料理配合得天衣無縫。

侍酒師兼老闆的本橋先生，
對餐酒搭配非常熱衷。

JULIA的無酒精飲品

檸檬草
（加入氣泡水調製）

濃縮蘋果汁＋醋（加入無酒
精啤酒調成蘋果酒風味）

香草葡萄柚汁

冷泡茶＋丁香＋柳橙
（橘酒風味）

茉莉花茶＋濃縮石榴汁
（粉紅酒風味）

加入香料浸泡的玄米茶

綜合莓果泥＋莓酒醋

在酒精完全揮發的紅葡萄
酒中，加入香料浸泡。

獨家配方的無酒精飲品！

香草葡萄柚汁

以1:1的比例調配水和
100％葡萄柚汁後，加入
蒔蘿、百里香、迷迭香
（各2枝）浸泡，冷藏靜
置約1~2日即可。

很適合搭配醃漬海
鮮、唐揚炸雞、生
春捲等料理。

侍酒師
本橋健一郎先生

CHAPTER 2

搭配葡萄酒的
餐酒料理

說到葡萄酒的餐酒料理,
幾乎所有人都一致推舉義式或法式的菜色。
雖然這個結論無庸置疑,
但若因此忽略了中式或南洋料理,就太過可惜了。
本章節中將請到專精不同領域的料理職人,
分享為搭配葡萄酒而生、
使出渾身解數設計的餐酒料理。
不僅如此,我們也請來專業的侍酒師實際試吃,
為其挑選、並標示出各自的最佳「酒」伴。

【葡萄酒監修】
岩井穗純

適合葡萄酒的義式＆法式料理 → p.52

上田淳子
JUNKO UEDA

———

料理研究家。完成大學學業後，進入辻學園調理技術專門學校就讀，畢業後遠赴歐洲，在瑞士、法國巴黎等地的餐廳工作進修。回國後先於東京餐廳擔任甜點師，隨後以料理研究家的身份獨立創業。時常活躍於電視、雜誌等各式媒體，也以自身養育雙胞胎的經驗，展開一連串的「食育」活動。曾經出版多本著作，包含以法餐的基礎技巧為根基，一般家庭也能輕鬆製作的《法國人都是用這三種方式烹調蔬菜》系列書籍（誠文堂新光社）、《上田淳子的雞湯。雞肉＝配料、湯頭，簡單又正統。》（Graphic社）等。

適合葡萄酒的亞洲料理 → p.74

ツレヅレハナコ
TSUREZURE HANAKO

———

熱愛佳餚美酒之旅的飲食編輯。於社群網站上分享日常飲食生活後受到廣大迴響，擁有超過4萬人的IG追蹤者。著有《女子的一人下酒食》（幻冬社）、《TSUREZURE HANAKO的兩種食材下酒菜》（KADOKAWA）、《TSUREZURE HANAKO的辛香料下酒食帖》《TSUREZURE HANAKO的炸物天國》（PHP研究所）等多本著作。

適合葡萄酒的日本料理 → p.92

五十嵐大輔
DAISUKE IGARASHI

———

料理人。1977年生於青森縣深浦町。在諸多日本料理店實習修業後，2007年進入「蕎麥流石」日料餐廳任職，並在2009年就任銀座分店「流石 HANARE」料理長。2011年轉職「銀座小十」，2013年受邀擔任同集團的米其林一星和食餐廳「銀座奧田」料理長。現今活躍於不公開的預約會員制日本料理店。時常以新一代作家的作品為靈感發想料理，致力於聲援並傳承日本傳統工藝的美好。

適合葡萄酒的 義式＆法式料理

by Junko Ueda

將義大利＆法國的招牌菜色化為豐盛佳餚，
略費少許心思，自家小酌將有更高層級的享受。

色系搶眼的水果和起司，
交織成餐桌上的華麗組合！
在莫札瑞拉起司中加入鮮奶油，
仿效出近似布列塔起司的濃厚風味。

季節鮮果 卡布里沙拉

Recommended WINE

氣泡酒	粉紅氣泡酒	白酒	橘酒	粉紅酒
		輕盈× 酸味柔順		

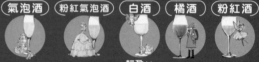

水果系的料理，選擇香檳等氣泡酒款就不會
出錯。綿滑的起司和細緻的泡泡，在口腔裡
完美合奏。草莓季時，改以草莓搭配同色系
的粉紅酒，在視覺上能營造和諧的一致感。

食材 2-3人份

柿子 2顆
莫札瑞拉起司 1顆（100g）
鮮奶油（乳脂肪含量高於40％）2-3大匙
橄欖油 1大匙
鹽（推薦粗顆粒的鹽）、粗磨黑胡椒 各適量
綠或黃檸檬 1切片（切成半月船形）

作法

1 柿子剝皮後，切成容易食用的大小，鋪在盤中。

2 將莫札瑞拉起司撕成容易食用的大小放入碗中，加入鮮奶油。

3 將步驟 2 放到步驟 1 的中間，淋幾圈橄欖油，撒上鹽、粗磨黑胡椒，放上檸檬片即可。

POINT

將莫札瑞拉起司 變身華麗的布拉塔起司

布拉塔起司是一種袋狀的起司，
外層是固態的莫札瑞拉起司，裡
頭則填滿鮮奶油和莫札瑞拉起司
塊。因此只要將莫札瑞拉起司加
上鮮奶油，就能重現其濃厚醇香
的口感。

使用當季水果 增加季節感

春天的草莓，夏天的桃子，秋天
的洋梨和葡萄、無花果……依喜
好替換四季果物，再加上薄荷等
香草，或巴薩米克醋增加酸味層
次，滋味更顯豐美。

三種冷菜的前菜拼盤

薄荷海鮮
塔布勒沙拉

葡萄柚
漬生魚片

韃靼牛肉

加了滿滿蔬菜和海鮮的豐盛料理。
入口襲來的薄荷清爽香氣，
是讓人吃不膩的美味關鍵。

薄荷海鮮
塔布勒沙拉

食材 方便製作的量

北非小米（庫斯庫斯）
　　1/3杯（70g）
洋蔥碎 2大匙
小黃瓜 1根
小番茄 4-5顆
熟蝦仁、熟章魚腳 各70g
鹽、胡椒 各適量
黃檸檬汁 2大匙
橄欖油 適量
薄荷葉 10-20片

作法

① 在鍋中倒70ml熱水煮沸後，加入鹽
1/3小匙、橄欖油1小匙、北非小米後
關火。攪拌均勻、靜置5分鐘左右，
再次攪拌。

② 洋蔥碎稍微泡水後，用紙巾拭乾水
分。小黃瓜切成四段，再切成7mm
厚的片狀。小番茄去蒂頭，對半切。
蝦仁、章魚腳切成容易入口的大小。

③ 將步驟1的北非小米放涼後，擠入檸
檬汁和橄欖油2大匙，拌勻，再加入
撕碎的薄荷葉、步驟2，拌一拌後撒
鹽、胡椒調味即可。

POINT

世界上最小的義大利麵，北非小米。

北非小米，別名庫斯庫斯，是以
杜蘭小麥為原料製成的粒狀義大
利麵，咬下後啵啵的彈牙口感是
一大特色，在法文中又被稱為
「Semoule」，可於大型進口
超市、網路商店中購得。

經過檸檬爽颯的香氣和酸味洗禮，
生魚片搖身一變為新時尚餐點，
成為適合搭配輕盈白酒的爽口前菜。

葡萄柚漬生魚片

食材 2人份

鯛魚生魚片 100g
葡萄柚 1顆
西洋芹 30g
綠檸檬汁 1/2顆
　　（略多於1大匙）
香菜 適量
鹽、胡椒 各適量

作法

① 將鯛魚生魚片均勻薄塗一層鹽，冷藏靜置10分鐘。
以餐巾紙擦乾釋出的水分後，切成1.5cm丁狀。葡
萄柚削去外皮，用刀子從兩瓣中間劃入，切下一瓣
一瓣的果肉（請參考p.64步驟圖）。西洋芹切
5mm厚的片狀。

② 在碗中加入檸檬汁和鯛魚生魚片，輕輕拌勻後，再
加入葡萄柚、西洋芹拌勻，靜置5分鐘入味。

③ 香菜隨意切小片後加入，再以鹽、胡椒調味即可。

POINT

挑選自己喜歡的白肉魚和柑橘

不僅鯛魚，這道菜換成鱸
魚、比目魚等其他白肉魚也
很好吃，反而不適合油脂豐
厚的紅魽、鰤魚等魚種。葡
萄柚也可以換成柳橙，感受
不同的柑橘香氣。

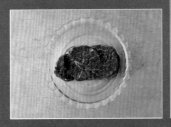

這是一道可以品嚐到紅肉原味，
簡單就能完成的料理。
以少許卡宴紅椒粉的辣度，
在味蕾上增添富饒的層次變化。

Recommended WINE

粉紅酒	紅酒	紅酒	紅酒	紅酒	橘酒

| 輕盈× | 輕盈× | 厚重× | 厚重× | | |
| 酸味強 | 澀味強 | 酸味強 | 澀味強 | | |

韃靼牛肉美麗的紅色，搭配同屬紅色系的酒
最是賞心悅目，也能充分襯托出肉的美味。
又辣又酸的重口味，配上強烈的紅酒或橘酒
也毫不失色。

韃靼牛肉

食材 2-3人份

牛肉瘦肉（牛排）150g
洋蔥碎 2大匙

A
酸豆（切碎）1大匙
酸黃瓜（切碎）20g
法式芥末醬 1/2大匙
橄欖油 1小匙
巴西里（切碎）1大匙
蛋黃 1顆
卡宴紅椒粉（也可以換成一味唐
辛子或TABASCO辣椒醬）少許

鹽、胡椒 各適量
粗磨黑胡椒 適量
法國麵包片 適量

作法

① 牛肉撒少許鹽、胡椒醃漬。平底鍋用中大
火燒熱後，放入牛排，兩面各煎30秒，
再將側面也稍微煎過後，取出放涼，切成
5mm的小塊。

② 洋蔥碎泡水10分鐘後瀝乾，用餐巾紙包
裹、充分拭乾水分。

③ 在碗中放入步驟 2 和 A，撒入少許胡椒拌
勻。接著再放入步驟 1 的牛肉快速攪拌，
如果味道不夠再加鹽調味。盛盤，撒上粗
磨黑胡椒，搭配法國麵包片享用。

POINT

選擇油脂少的
瘦肉部位

這道料理比起霜降，使用油脂含量
低的腿肉、菲力、臀肉更為合適。
煎的時候避免過度加熱導致肉質變
硬。正統的法國韃靼牛肉是使用生
肉，但此處改成炙燒版本。

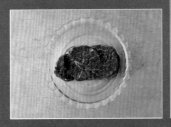

將肉的美味昇華的
最佳配角

酸黃瓜就是醃漬過的小型黃瓜。以
切碎的酸黃瓜製成、酸味溫和的塔
塔醬，幾乎沒有人能夠抗拒。除了
酸黃瓜，也可以改用醃漬小黃瓜
（不甜的口味）嘗試看看。

在雞肝中加入打發鮮奶油，
綿滑柔順的質地在口中化開，
濃郁的滋味令人難以忘懷。

綿滑雞肝醬

橘酒　白酒　紅酒　氣泡酒　粉紅酒

厚重×　　輕盈×
酸味柔順　澀味強

入口時輕盈，融化成綿密，吞下後在口腔殘
留醇濃尾韻。肝醬多層次的變化適合搭配廣
域的酒種。僅能擇一時，不妨以能夠突顯厚
實感的橘酒為優先考量。

食材　方便製作的量

雞肝（不混雞心）200g	鮮奶油 60ml
白酒 1/4杯	（乳脂肪含量40%以上）
月桂葉 1片	鹽、胡椒 各適量
奶油（室溫軟化）40g	法國麵包片 適量

POINT

**多一點小小的工夫
讓雞肝美味更上層樓**

雞肝上的白色筋或血塊是殘味來
源，一定要仔細清除乾淨。有些
雞肝會跟雞心連在一起販售，務
必連同白色的脂肪部分一起切
除，不要混合使用。

作法

1　雞肝去筋，切成四等分後泡水，在水中輕輕搓揉掉血水和血
塊。擔心腥味的話，可以再次浸泡乾淨的水約5分鐘後洗淨。

2　在鍋中倒入白酒，放入月桂葉、步驟1的雞肝，加水到稍微
淹過後，開中火。煮沸後轉小火煮4-5分鐘，等雞肝煮熟即可
撈起放涼。

3　將步驟2放入食物調理機中，打到整體呈綿滑的質地後，加
入奶油攪打均勻，再加鹽、胡椒調味拌勻，裝到碗中。

4　在另一個碗中加入鮮奶油，用打蛋器打到九分發，再加步驟
3拌勻，試試看味道，若太淡再加鹽、胡椒調整。盛盤，搭
配烤到焦香酥脆的法國麵包片享用。

在簡單卻經典的「水煮蛋＋美乃滋」組合中，
加入帶有鹹味的特製鯷魚醬，增添更豐富的風味層次。

鯷魚蛋黃醬 水煮蛋沙拉

Recommended WINE

白酒	白酒	白酒	氣泡酒	粉紅酒
輕盈× 酸味柔順	輕盈× 酸味厚實	厚重× 酸味柔順		

將雞蛋裹覆厚厚鯷魚蛋黃醬，做出這道充滿
魅力的料理。推薦搭配豐郁順口的夏多內或
灰皮諾，讓宜人的單寧味在口腔中擴散。

食材 2人份

雞蛋 2顆
鯷魚蛋黃醬（方便製作的分量）
　鯷魚 4片
　美乃滋 100g
　胡椒 少許

作法

① 在鍋中倒滿水後煮沸，輕輕放入雞蛋，煮到九
　分熟。

② 將鯷魚、美乃滋、胡椒放入食物調理機中，打
　到質地均勻綿滑。

③ 雞蛋剝殼後盛盤，淋上步驟 ② 的醬汁即完成。

POINT

萬用的
鯷魚蛋黃醬

如果沒有均值機或食物調理機，
直接將鯷魚切碎和美乃滋、胡椒
拌勻即可。多餘的醬用來沾蔬
菜，或是抹上麵包烘烤也都無敵
美味。

利用少量水分和油脂蒸煮的法式烹調技巧，
讓大蔥的甜度瞬間提升。

奶油蒸大蔥

Recommended WINE

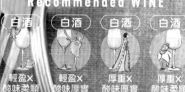

| 白酒 | 白酒 | 白酒 | 白酒 |

輕盈× 酸味柔順　輕盈× 酸味厚實　厚重× 酸味厚實　厚重× 酸味柔順

以奶油為主要調味的料理，格外適合佐配白酒。尤其是夏多內等濃郁的酒種，入口後在嘴裡和柔軟的大蔥交疊出美妙的和諧感。

食材　2-3人份

大蔥 3根（300g）
奶油 10g
鹽 1/3小匙
胡椒 少許

作法

① 將大蔥切成5cm長段。

② 於平底鍋中放入大蔥、奶油、1/2杯水，蓋上鍋蓋後，中火煮滾再轉小火，蒸煮約7分鐘到喜歡的軟度後，以鹽、胡椒調味。中途如果水分過少，可以適當加入少許水，避免燒焦。

Recommended WINE

| 白酒 | 白酒 | 橘酒 |

輕盈× 酸味厚實　輕盈× 酸味柔順

品嚐帶有些許獨特苦味的球芽甘藍時，選擇阿爾薩斯的麗絲玲等，同樣隱約帶點苦味、礦物感強烈的白酒最為合適。

爽脆的口感讓人為之一亮！
促進食慾的奶油香氣，只有蔬菜也充分滿足。

奶油蒸球芽甘藍

食材 2-3人份

球芽甘藍
　15顆（300g）
奶油 10g
鹽 1/3小匙
胡椒 少許

作法

同上述奶油蒸大蔥的作法，將大蔥替換成球芽甘藍。

*也可以替換成白花椰菜、綠蘆筍、珍珠洋蔥、蕈菇等季節性蔬菜。

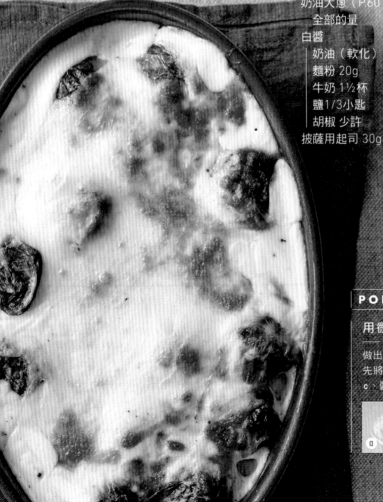

Recommended WINE

白酒	白酒
厚重×	輕盈×
酸味柔順	酸味柔順

阿爾薩斯的白皮諾和焗烤類料理是
天造地設的組合。富含層次的濃醇
口感與白醬毫無隔閡，亦能增添大
蔥及球芽甘藍的多汁口感。

使用自製白醬的極上美味。
只要有微波爐就能完成、不怕燒焦，
簡單享受各式各樣的奶油蒸蔬菜→焗烤的樂趣！

焗烤奶油蒸大蔥&
焗烤奶油蒸球芽甘藍

食材 2-3人份

奶油大蔥（P.60）
　全部的量
白醬
　奶油（軟化）20g
　麵粉 20g
　牛奶 1½ 杯
　鹽 1/3小匙
　胡椒 少許
披薩用起司 30g

作法

① 在耐熱容器中放入軟化的奶油
和麵粉，用湯匙抹拌到均勻滑
順。加入牛奶（a），不蓋保
鮮膜，微波加熱3分鐘。取出
後，用打蛋器拌勻（b）到奶
油和麵粉完全融化。接著再微
波加熱2分鐘，以打蛋器拌到
均勻滑順（c）。最後再微波
加熱2分鐘，以鹽、胡椒調味
（亦可依喜好加入肉桂粉）。

② 將奶油蒸大蔥（或其他奶油蒸
煮蔬菜）擺入焗烤盤中，淋蓋
步驟1的白醬，表面撒滿披薩
用起司，再放入預熱至200℃
的烤箱中，烤約15分鐘至起
司融化、上色即可。

POINT

用微波爐就能簡單做出美味白醬！

做出不結塊的滑順白醬，重點在於a的步驟不要攪拌！
先將牛奶微波加熱到b的階段後，再充分攪拌到如圖
c，醬汁開始凝固濃稠的狀態。

這道料理在法國是「小孩的牛排」，
是一道耳熟能詳的家常菜。
不需要揉捏直接煎烤，
充分保留肉質本來的口感和鮮味。

法式牛絞肉排

Recommended WINE

紅酒	紅酒	紅酒	紅酒	粉紅酒
輕盈× 酸味強	輕盈× 澀味強	厚重× 酸味強	輕盈× 澀味強	

將瘦肉的美味發揮得淋漓盡致。牛絞肉排的口感比牛排更軟嫩，適合酒體輕盈的紅酒。顯著的胡椒味道，和香料味濃郁的希拉很相襯。

食材　2人份

牛絞肉（瘦肉）250g
鹽、胡椒 各適量
沙拉油 1/2大匙
粗磨黑胡椒 適量
芥末籽醬 適量
　（或法式芥末醬）
薯條 適量
　（參考下方食譜）
西洋菜 適量

作法

① 將牛絞肉分成兩半，分別用雙手緊緊壓實成厚度約1-2cm的片狀後，稍微調整形狀，做出2片肉排。接著在其中一面上均勻撒鹽巴、少許胡椒。

② 於平底鍋中倒入沙拉油，以中大火充分熱鍋後，將步驟1牛絞肉排撒過鹽和胡椒的那面朝下，放入鍋中，接著再撒上鹽、胡椒。不翻面煎1-2分鐘後，翻面續煎1~2分鐘。

③ 盛盤後撒上粗磨黑胡椒，搭配芥末籽醬、薯條、西洋菜享用。

POINT

關鍵在於
不破壞絞肉的結構

牛絞肉排不需要像製作漢堡排一樣揉捏。用手掌將肉壓平壓實即可。大約煎到五分熟最恰當，如果厚度1cm，兩面約各煎1分鐘，厚度2cm則約各2分鐘。

Side Dish

薯條是吃牛絞肉排時的經典配菜。「五月皇后」綿密、
「男爵」鬆軟，不同品種的馬鈴薯口感不同，不妨多方嘗試。

炸薯條

作法　方便製作的量

馬鈴薯 2顆
炸油 適量
鹽 少許

作法

① 馬鈴薯切成厚度約1cm的長條狀。以清水洗2-3次，洗掉馬鈴薯上的澱粉後，泡水15分鐘再瀝乾，並用廚房紙巾充分拭乾表面。

② 將炸油加熱到150-160℃左右，放入步驟1。用筷子輕輕撥動馬鈴薯塊，讓彼此分開不沾黏，炸到表皮有點脆度後，取出靜置2-3分鐘，再放回熱油中，一邊用筷子輕輕翻動，一邊炸到表面金黃上色。取出後以廚房紙巾拭去多餘油脂、撒鹽調味即可。

充滿奢華感、經典的主角級法式料理，
加入少許橙皮，若有似無的苦味，
更能襯托鴨肉本身的鮮甜。

橙汁煎鴨胸

食材 2-3人份

鴨胸 1大片（350g-400g）
鹽、胡椒 各適量
柳橙 2顆
白酒 1/4杯
蜂蜜 1大匙
白酒醋 2大匙
奶油 30g

POINT

漂亮取出果肉的方法

先找出每瓣果肉的邊緣，從邊緣
旁邊一點點的位置入刀，就可以
切取出形狀漂亮的果肉。殘留在
邊緣上的果肉可以榨汁、做成醬
汁使用。

作法

① 取一顆柳橙，用削皮器削下薄薄的外皮後切細絲，汆燙約5分鐘至
軟再瀝乾。削皮後的柳橙撕除外層白色纖維，從每瓣果肉中間劃
刀，取下果肉。將殘留在皮上的少許果肉和另一顆柳橙榨成約1/2
杯的柳橙汁。

② 鴨胸切除多餘油脂後，用刀子在皮上劃格紋，撒少許鹽、胡椒抹
勻。平底鍋以中火熱鍋，將鴨胸皮面朝下放入鍋中後不動，轉小火
煎約7分鐘到鴨皮上色，翻面煎約5分鐘，再翻回續煎1分鐘。用肉
叉戳至鴨肉中心約5秒後抽出，如果肉叉前端帶有餘熱即可取出，
以鋁箔紙包裹後靜置熟成。

③ 以廚房紙巾擦除鍋中多餘油脂，加入白酒、蜂蜜，開中火煮到略微
濃稠，再加入柳橙汁、白酒醋、步驟①的柳橙果皮續煮30秒，接著
放入步驟①的柳橙果肉，稍微加熱即關火。

④ 鴨胸切薄片後盛盤，擺上柳橙果肉。

⑤ 再次將步驟③的醬汁，以中火煮滾到濃稠後，加入奶油。一邊搖晃
平底鍋一邊讓奶油慢慢融化，再加入鹽、胡椒調味，淋到步驟④上
即完成。

Recommended WINE

白酒	白酒	白酒	氣泡酒	橘酒
輕盈× 酸味厚實	輕盈× 酸味柔順	厚重× 酸味厚實		

肉類料理多半直覺搭配紅酒，事實上，豬肉
和白酒也很合拍。選擇綠菲特麗娜或麗絲玲
等酸味清爽的白酒，品嚐炸物爽口不膩。

起鍋前淋上融化奶油，
重現道地的滋味！
擠一點檸檬汁，
吃起來清爽不膩口。
——

米蘭風炸肉片

食材　2人份

厚切豬腿肉片 2片（約250g）	雞蛋 1顆
鹽 少許	沙拉油 適量
胡椒 適量	奶油 10g
麵包粉 1/2杯	黃檸檬（切半）1個
帕瑪森起司粉 2大匙	新鮮巴西里 適量

作法

1. 麵包粉用手搓碎或調理機磨細，加入帕瑪森起司粉拌勻。雞
蛋打勻備用。

2. 豬肉片以保鮮膜包裹，用擀麵棍敲打至5mm厚度。撒少許
鹽、胡椒，泡蛋液靜置醃漬5分鐘後，取出稍微瀝乾，再沾裹
步驟 的起司麵包粉，並用手確實壓緊實。

3. 平底鍋中倒入約1cm深的沙拉油，加熱到170-180℃後，放
入步驟 的豬肉片，兩面各炸3-4分鐘至金黃上色後取出瀝
油，盛盤。

4. 鍋中放入奶油，開中火加熱至融化、起泡後，淋到步驟
上，再撒少許胡椒，即可搭配黃檸檬和巴西里享用。

POINT

**肉先敲薄，
用少油也能炸酥脆**

豬肉敲過後，口感也更為軟嫩。
若平底鍋無法同時容納2片，建
議分開炸不要重疊，先炸完一片
後將油撈乾淨，再炸下一片。

※ 66

法國料理中的「fricassee」，意思就是
「白色的燉菜」。用濃滑綿密的白色醬汁
緊緊包覆海洋鮮味。

白酒燉海鮮

白酒	白酒	白酒	白酒
輕盈× 酸味柔順	輕盈× 酸味厚實	厚重× 酸味厚實	厚重× 酸味柔順

魚貝高湯融入奶油白醬後，搭配各
種白酒都無違和。尤其是波爾多地
區的濃郁白酒，更能突顯這道料理
的大海鮮甜。

食材 2人份

蝦子 4大尾
太白粉 1小匙
干貝 4顆（100g）
鯛魚（切片） 1切片
蘑菇 8顆
洋蔥 1/2顆
奶油 10g
麵粉 1/2大匙
白酒 1/2杯
鮮奶油（乳脂肪含量40%） 1/2杯
鹽、胡椒 各適量

POINT

任意挑選喜愛的
海鮮組合

雖然單一種海鮮也可以，
但是同時加入多種海鮮的
鮮味更為強烈。魚換成比
目魚、鱸魚，或是加入牡
蠣、蛤蜊也很適合。

作法

1. 蝦子去頭去殼，去除背後的腸泥，再以太白粉和少許
水，搓洗到太白粉顏色變灰後洗淨，用廚房紙巾拭
乾。蝦子、干貝撒少許鹽、胡椒備用。鯛魚片切成
二～四等份，撒少許鹽、胡椒備用。蘑菇去梗後縱切
對半。洋蔥切丁。

2. 平底鍋中先放入一半奶油，中火加熱到融化、開始冒
泡後，放入蝦子和干貝快速煎到蝦肉表面轉紅（中間
還沒熟），即可取出備用。

3. 將剩下的奶油放入鍋中，小火加熱到融化、開始冒泡
後，放入洋蔥丁拌炒約1分鐘，過程中避免燒焦。再
放入麵粉輕輕拌勻、倒入白酒，轉大火，用木杓反覆
刮鍋底避免燒焦，煮到白酒揮發至剩約1/3。

4. 接著加入1/4杯水（材料分量外）、鮮奶油、蘑菇，
煮到整體略為濃稠，再放入鯛魚片續煮至熟透後，加
入鹽、胡椒調味，並放入步驟 的蝦子、干貝，略煮
30秒～1分鐘。如果有的話可以加點細葉香芹點綴。

食材 2人份

馬鈴薯 2顆（300g）
鮭魚片、鯛魚片 80g
鹽、胡椒 各適量
沙拉油 2大匙

作法

❶ 鮭魚和鯛魚切2-3cm塊狀，撒少許鹽、胡椒靜置。

❷ 馬鈴薯用刨絲刀刨成絲（避免碰到水），放入碗中，
加鹽1/3小匙、胡椒少許，拌勻備用。

❸ 於平底鍋中加1大匙沙拉油，中火熱鍋後，放入1/4的馬鈴薯絲，鋪成
直徑約15cm的圓，再放入一半魚肉、疊上1/4的馬鈴薯絲，煎約4分
鐘至底面金黃上色後，翻面用鍋鏟壓平，再續煎約4分鐘至魚肉熟
透、金黃上色。依照相同方式再煎好另一片。

❹ 盛盤，搭配貝比生菜（材料分量外）一同享用。

Recommended WINE

白酒　白酒　橘酒　氣泡酒　粉紅酒

輕盈×　輕盈×
酸味厚實　酸味柔順

酥香的馬鈴薯、細緻的魚肉，都能夠藉由輕盈
的白酒提升風味，尤其推薦時常與馬鈴薯連袂
出現的麗絲玲等，來自阿爾薩斯的白酒。

POINT

以馬鈴薯的澱粉
當天然黏著劑

魚肉也可以換成比目魚或蝦子
等喜歡的海鮮。這道派是利用
馬鈴薯本身的澱粉來黏合食
材，所以馬鈴薯切好後盡量不
要再碰到任何水分。

CHAPTER 2 — WINE × ITALIAN & FRENCH

外層酥脆、中心鬆軟，同時享受雙重口感，
切開後突然現身的魚塊，更是令人驚喜的美味。

魚肉馬鈴薯格雷派

Recommended WINE

白酒	白酒	白酒	白酒
輕盈× 酸味厚實	輕盈× 酸味柔順	厚重× 酸味厚實	厚重× 酸味柔順

搭配奶香濃郁的醬汁，當然非白酒莫屬！最好選擇同屬檸檬風味的酸味白酒，例如義大利的崔比亞諾。

享用馬鈴薯麵疙瘩時，
絕對不能錯過剛起鍋的彈牙口感！
佐上充滿檸檬香氣的醬汁，
即便吃飽了也欲罷不能。

檸檬奶油醬
馬鈴薯麵疙瘩

食材 2人份

馬鈴薯麵疙瘩
馬鈴薯 約4顆（500g）
麵粉 80-100g
蛋黃 1顆
鹽 1/4小匙
檸檬奶醬
鮮奶油1/2杯
黃檸檬汁 1大匙
鹽、胡椒 各少許
黃檸檬皮屑 適量

作法

① 在耐熱容器中放入切成2cm小丁的馬鈴薯，封上保鮮膜微波加熱8-10分鐘至變軟後取出，倒掉碗中的水，用壓泥器或研磨棒搗成細緻的薯泥，並趁熱加入麵粉、鹽、蛋黃，用手輕揉勻後放涼。在砧板上撒少許手粉，將薯泥搓成約食指粗的條狀、再分切成3cm小段的麵疙瘩。

② 取一鍋水煮沸，放入步驟1的馬鈴薯麵疙瘩，煮約2分鐘至浮起後撈起瀝乾。

③ 在平底鍋中倒入鮮奶油，開中大火煮到微滾後，加入步驟2的麵疙瘩拌勻略煮，再加入檸檬汁、鹽、胡椒。盛盤，撒上檸檬皮屑即可。

POINT

視麵團的狀態
調整麵粉量

只要可以將馬鈴薯壓成沒有顆粒的泥狀，用木鏟或叉子操作也可以。每顆馬鈴薯的含水量不同，視情況增減麵粉量，讓麵團不會沾黏即可。

散發蘑菇香氣、味道柔和的抓飯，
搭配白酒燉菜或米蘭風炸肉片也很合適。

蘑菇抓飯

食材 方便製作的量

白米 360ml（2杯）
蘑菇 2盒（200g）
洋蔥 1/4顆
奶油 15g
鹽 1小匙
胡椒 少許
月桂葉 1片

作法

① 白米洗淨，用篩網撈起後靜置約30分鐘，讓水充分瀝乾。蘑菇去梗，切成約5mm厚的片狀，洋蔥切碎備用。

② 平底鍋中放入奶油，小火加熱到融化、微微起泡後放入洋蔥碎，持續拌炒避免燒焦約1分鐘至洋蔥軟化，加入白米，繼續拌炒約1分鐘至整體都包裹上奶油、白米確實加熱。

③ 加入360ml水（材料分量外）、鹽、胡椒、月桂葉，大火煮滾後攪拌，放入蘑菇片，蓋上鍋蓋後轉小火煮10分鐘。

④ 確認白米已呈膨脹狀態後，轉大火約10秒讓多餘水分蒸發，關火。

⑤ 不掀蓋燜10分鐘，再將整體攪拌均勻即可享用。

Recommended WINE

白酒　白酒　白酒　橘酒

輕盈×
酸味柔順

輕盈×
酸味厚實

厚重×
酸味柔順

為了避免搶掉蘑菇的香氣，建議挑選酒體清爽的白酒。尤其推薦桶發酵後口感帶有奶油香的夏多內，搭配抓飯的滋味絕妙。

想要讓樸實的抓飯翻身為豪華料理，
加入蟹肉是最快的方式！
滿足度也隨之大幅提升。

蟹肉蘑菇抓飯

Recommended WINE

白酒　白酒　白酒　橘酒

輕盈×
酸味柔順

厚重×
酸味厚實

厚重×
酸味柔順

在抓飯中添加蟹肉的柔軟口感和細緻風味。除了夏多內，搭配日本的甲州也很順口，或是選擇橘酒來帶出蟹肉甜度。

食材 方便製作的量

蘑菇抓飯（上述）
　全部的量
蟹肉 60g
巴西里碎 1大匙

作法

在煮好的蘑菇抓飯上放入蟹肉，盛盤後撒上巴西里碎即可。

POINT

蟹肉滿滿的
豪華氛圍

用蟹肉罐頭也可以，但碎肉的視覺感不如豪邁的大塊蟹肉。想要呈現豪華感時，不妨大手筆購買處理好的蟹肉吧！

COLUMN 搭配自己的居家餐酒套餐

想要享用 厚重X澀味強
酒體飽滿的紅酒時

義式 & 法式套餐

開胃前菜

鮭魚卵奶油
開放式三明治
(p.36)

芥末籽醬
炒蓮藕
(p.38)

季節鮮果
卡布里沙拉
(p.52)

薄荷海鮮
塔布勒沙拉
(p.56)

開場先用啤酒或香檳乾杯！

想要享用 輕盈x酸味強的紅酒時

以日本料理為主，帶有亞洲風情的套餐

開胃前菜

魚露番茄拌蘘荷
(p.44)

異國風粉吹芋
(p.42)

山茼蒿蘋果沙拉
佐柿餅醬
(p.95)

孜然蛋花牡蠣
(p.41)

開場先用啤酒或香檳乾杯！

像這樣的套餐組合，光想像就相當迷人！
倆人的話2-3道就很豐盛，也可以依照人數自由調整。

口味厚實的紅酒，怎麼能缺少肉料理的暢快！
這時候，選擇氣勢不輸紅酒的義大利或法國料理就對了。
試著搭配出從前菜到收尾料理都風格一致的餐酒套餐，
人數多的時候，前菜也可以先佐氣泡酒或白酒豐富層次變化。

收尾料理

綿滑雞肝醬
(p.58)

法式牛絞肉排
(p.62)

檸檬奶油醬馬鈴薯麵疙瘩
(p.68)

搭配紅酒時，
就以肉料理當主菜。

沒有人規定套餐一定要每道都是和食，或是只能有中菜，
能夠自由組合各種類型的料理，正是自己設計套餐的一大好處。
為了襯托口味輕盈的紅酒，不妨將肉類烹調成日式的淡雅風味，
並穿插中式料理，組合出隨著飲酒過程循序變化的魅力套餐。
前菜以小盤方式呈現，搭配紅酒一點一點享用也頗具樂趣！

收尾料理

紅油山茼蒿抄手
(p.74)

高湯浸炸甘鯛根葉
佐茄汁天婦羅醬
(p.104)

七味粉高湯風味
日式烤牛肉
(p.96)

只有蔥的
港式炒麵
(p.88)

集結各式下酒菜的主菜組合

適合葡萄酒的亞洲料理

風味濃厚、大量添加辛香料或香草的亞洲料理，
意外和葡萄酒相當對味，是不落俗套的靈魂伴侶！

by Hanako Tsurezure

散發溫和香氣的山茼蒿餛飩，
只要更換不同的包法，
就能體驗口感多變的樂趣！

紅油山茼蒿抄手

Recommended WINE

 橘酒　 粉紅酒　 紅酒　 白酒

輕盈×　　輕盈×
酸味強　　酸味柔順

中式料理和葡萄酒的搭配性很高。
但澀味強的酒，可能導致辣油的辣
度過於明顯，建議選擇橘酒或粉紅
酒，更能夠襯托出辛香料的香氣。

食材　2人份

雞絞肉（雞腿）100g

A
薑泥 1/2小段的量
太白粉 1大匙
紹興酒、醬油、芝麻油 各1小匙
蔥末 4cm長段
山茼蒿（切碎）4根

餛飩皮 16片

B | 醬油、烏醋、辣油 各適量

作法

① 將雞絞肉放入大碗中，依序加入 A 的材料揉勻，
完成餡料。

② 取一張餛飩皮，在正中間擺入1/16的步驟 1 餡
料，在皮的邊緣抹少許水，對半折成三角形
後，捏合。兩端可以再依喜好捏合，做成喜歡
的形狀。

③ 取一鍋水煮沸，每次放入一半餛飩，分別煮2-3
分鐘至熟後，撈起瀝乾、盛盤，再淋上 B 享用。

POINT

餛飩的包法

餛飩皮對折後，沿著邊緣捏緊封口（ a ），接著抓住兩
側的角往中間拉（ b ），將兩端稍微重疊後，抹少許水
並捏合（ c ）。

CHAPTER 2 — WINE × ASIAN

 橘酒 紅酒 紅酒 白酒 白酒 粉紅酒

輕盈×
酸味強　輕盈×
澀味強　輕盈×
酸味柔順　厚重×
酸味柔順

在茄子和豬肉中添加九層塔的風味，頓時成
為一道紅白酒皆宜的萬用下酒菜。略甜的口
味，搭配同樣略甜的酒恰到好處。

以台灣知名「三杯雞」為靈感，加入大量九層塔的豬肉版本，
濃厚的香草氣息，成功搭起醬油和葡萄酒間的橋樑。

塔香茄子豬肉片

食材　2人份

茄子（日本圓茄）3個
豬肉片（豬肩肉）150g
A │ 紹興酒 1大匙
　　（或其他料理酒）
　　太白粉 1小匙
　　鹽、胡椒 各少許
蒜片 1瓣
辣椒片 1根
九層塔（或羅勒）1大把

B │ 紹興酒、醬油
　　各2大匙
　　砂糖 1小匙
芝麻油 1大匙
炸油 適量

作法

① 將炸油加熱到180℃。茄子切滾刀塊
後，放入油鍋炸1分鐘，取出瀝油。
在大碗中放入 A 拌勻，再放入豬肉
片，按摩抓醃到醬汁吸收。

② 於平底鍋中放入芝麻油、蒜片、辣椒
片，開中火炒到香氣出來後，放入豬
肉片，持續用中火拌炒到肉片變色。

③ 加入茄子、九層塔葉稍微拌炒，再加
入 B 炒勻即可。

刻意切大塊的地瓜，
搭配豬肋排無比滿足！
食慾在豆豉的香氣下蠢蠢欲動。

豆豉蒸肋排地瓜

食材 2-3人份

豬肋排 500g
地瓜 1根

A
豆豉（切碎）2大匙
伍斯特醬 2大匙
八角 2顆
辣椒片 2根
蒜泥 適量（約5g）
薑泥 適量（約5g）
紹興酒 3大匙
醬油、老抽 各1大匙
砂糖 1小匙

香菜（隨意切碎）適量

作法

1. 將肋排與 A 放入夾鏈密封袋中，靜置醃漬至少1小時。地瓜切滾刀塊，稍微泡水後瀝乾。

2. 將醃好的肋排稍微擦乾，盛裝在耐熱容器中，放入事先滾沸的蒸籠中，蒸約15分鐘。接著放入地瓜，倒入一半量的醃醬，續蒸15分鐘。

3. 盛盤，撒上香菜即完成。

POINT

肋排先以豆豉充分醃漬入味

這道菜的重點在於「肉先醃漬至少1小時」，讓豆豉的香氣與味道確實滲透進去。接下來只要交給蒸籠，口味濃郁深厚的料理就完成了。

加入少許老抽，料理迅速增色！

中國知名的醬油「老抽」，特色在於顏色濃黑、味道卻不會過重，加一點點就能呈現又黑又亮的色澤。沒有的話，使用一般醬油代替也可以。

番茄榨菜醬的微辣感，不斷在舌尖上跳動，
替清淡的鱈魚增添了鮮明的酸度和鮮甜。
改用鯛魚、鮭魚、雞肉製作也同樣美味。

——

Recommended WINE

紅酒	粉紅酒	白酒	橘酒
輕盈× 酸味強		輕盈× 酸味厚實	

酒體輕盈的粉紅酒，能夠充分襯托出
番茄的酸及榨菜的鮮。來自義大利的
巴貝拉或山吉歐維榭等酸味明顯的紅
酒，也是值得推薦的好選擇。

清蒸鱈魚
佐番茄榨菜醬

食材　2人份

生鱈魚（切片）　2片
紹興酒 1-2大匙
A　大番茄（切丁）1顆
　　榨菜（切碎）20g
　　醬油 1大匙
　　辣油 1小匙
　　砂糖 1/2小匙
蔥花 1根

作法

1. 將鱈魚放入耐熱容器中，淋
上紹興酒抹勻。

2. 蒸籠的水事先煮沸，將步驟
1放入蒸籠中，蒸約10分鐘
後，淋入拌勻的 A，撒上蔥
花即可。

咬得到滿滿蝦仁的豐盛煎餅，
佐上帶有檸檬香氣的清爽醬汁。
使用上新粉做出Q彈具咬勁的口感。

彈牙蝦仁
西洋芹煎餅

Recommended WINE

白酒	白酒	紅酒	橘酒	粉紅酒
輕盈×酸味厚實	輕盈×酸味柔順	輕盈×酸味強		

蝦子細緻的甜味及清爽的西洋芹，最適合白酒。選擇酒體輕盈的酒款，除了襯托煎餅的Q彈，也能讓尾韻不膩，直到最後一口都舒適宜人。

食材 2-3人份

蝦仁 12尾
西洋芹 1/2根
洋蔥 1/4顆
A
　麵粉 60g
　上新粉（梗米粉） 40g
　雞蛋 1顆
　水 1/2杯
芝麻油 2大匙
B
　現擠檸檬汁 1/2顆
　醬油 2大匙
　辣椒粉 適量

作法

① 蝦仁去腸泥，切成1cm丁狀。西洋芹切小段，洋蔥切薄片。

② 將A放入大碗混勻後，加入步驟1的所有食材，拌勻成麵糊。

③ 於平底鍋中加入1大匙芝麻油，熱鍋，再倒入步驟2的麵糊，蓋上鍋蓋，小火煎3～4分鐘。翻面後，沿著鍋邊淋入1大匙芝麻油，續煎到底部金黃酥脆即可起鍋。切成容易食用的大小，盛盤並搭配拌勻的B享用。

POINT

選用辣度溫和的韓國辣椒粉

韓國辣椒粉有分粗細兩種。細辣椒粉的顏色鮮紅，加入湯中就會呈現紅通通的色澤，但其實辣度不高，能夠品嚐到辣椒的層次和甜度。

生春捲皮裹辣味鮪魚而成的新穎料理，
以豆皮和小黃瓜堆疊出豐富的口感層次。

韓式塔塔鮪魚
豆皮生春捲

Recommended WINE

白酒	白酒	粉紅酒
輕盈×酸味厚實	輕盈×酸味柔順	

小黃瓜爽脆的口感和青草味，最適合搭配同樣清爽的輕盈白酒。此外，粉紅酒佐鮪魚及韓式辣醬也很對味，值得推薦。

食材 2-3人份

鮪魚生魚片 180g
A
　薑泥 適量（約2.5g）
　韓式辣醬 2大匙
　醬油 1大匙
　芝麻油 1小匙
生春捲皮 3張
芝麻葉 6片
生豆皮（生湯葉） 150g
小黃瓜（切絲） 1根
蔥白（切絲） 1/4根

作法

① 鮪魚切成小塊後，加入A攪拌均勻。

② 生春捲皮快速過水沾溼，在砧板上鋪平，依序擺放2片芝麻葉，以及各1/3用量的步驟1、生豆皮、小黃瓜絲、蔥白絲，擺好後捲起，一共完成3捲。切成方便食用的大小後盛盤，依喜好裝飾芝麻葉即可。

POINT

生春捲的捲法

將快速過水沾溼的生春捲皮平鋪在砧板上，依序把配料擺放在靠近自己的這一端（a）。接著用手從下方抬起往前捲，再將兩端往內折（b）、捲到底就完成了（c）。

散發魚露香氣、充滿越南風情的異國熱炒料理。
擔綱風味關鍵的香茅，在市場或網路商店皆可購得。

香茅蓮藕炒雞肉

食材 2人份

去骨雞腿肉 1片
蓮藕 300g
糯米椒 8根
香茅（檸檬草）3根
大蒜 1瓣
辣椒片 1根的量
A　魚露 1大匙
　　砂糖 1/2大匙
　　現擠檸檬汁 1/2顆
沙拉油 1/2大匙

作法

① 雞腿肉切成一口大小。蓮藕去皮後切滾刀塊。糯米椒切除蒂頭。香茅切小圓片（僅取切口有紫色的部分）。大蒜切末。

② 於平底鍋中放入沙拉油、蒜末、辣椒片，開中火炒到香氣出現後，將雞肉皮面朝下放入鍋中，煎到表皮上色，再放入蓮藕、糯米椒、香茅，拌炒2-3分鐘。

③ 倒入拌勻的 A，炒到收汁即可。

POINT

香茅的切法

香茅從尾端開始切，可以從切面看到一圈淺淺的紫色，帶紫的這段香氣濃郁，再往上就會太硬不適合食用，多半用來泡香草茶。

食材 2-3人份

水煮蛋 6顆
洋蔥、大番茄 各1/2顆
大蒜 1瓣
辣椒 2根
檸檬葉 1片

蝦醬 1/2小匙
鹽 1/4小匙
椰奶 1/2杯
沙拉油 1大匙
炸油 適量

作法

① 炸油加熱到180℃，放入水煮蛋炸到表面金黃。洋蔥切粗丁、番茄切成5mm小丁。大蒜切末。

② 於平底鍋中放入沙拉油、大蒜、辣椒後，開小火炒到香氣出現，再放入洋蔥、檸檬葉、蝦醬拌炒，最後加番茄、鹽，略微拌炒均勻。

③ 加入椰奶，沸騰前加入水煮蛋，煮到濃稠狀態即可。

Recommended WINE

 白酒　白酒　 橘酒

輕盈×　　厚重×
酸味柔順　酸味柔順

滑順的椰奶裹在熱騰騰的炸水煮蛋上，入口後綿密濃郁，忍不住想來杯白酒！少許的檸檬葉香氣，搭配橘酒也很合適。

濃醇的椰奶醬汁結合蝦醬，
令人停不下口的絕品美味。

蝦醬椰奶燉炸蛋

POINT

油炸過後
味道更容易吸附！

炸過的水煮蛋表面會變得凹凸不平，更能緊密裹覆醬汁，味道更濃郁。（水煮蛋是熟食不需要久炸，約炸1-2分鐘即可）

提升風味不可或缺的
異國食材

檸檬葉（左）和蝦醬（右）都是泰國料理常用的食材，具獨特的迷人風味。可以透過網路或到進口超市購買。

孜然涼拌
紫高麗菜絲

土耳其風味
橄欖油燉蔥

土耳其
白扁豆沙拉

番茄羊肉薯條
佐優格醬

在豪邁的酒醋紫高麗菜沙拉中，
加入孜然香料增添風味。

孜然涼拌
紫高麗菜絲

食材 2-3人份

紫色高麗菜、洋蔥 各1/4顆
紅蘿蔔 1/2根
鹽 適量
松子 1大匙
A｜橄欖油、白酒醋 各2大匙
　｜孜然粉 1/2大匙

作法

① 紫色高麗菜、紅蘿蔔切細絲，
各自加入少許鹽揉勻後，靜置
10分鐘，再擠乾水分。洋蔥切
薄片。松子放入平底鍋略為乾
炒到香氣出現。

② 在碗中混合 A，加入步驟①所
有食材拌勻。

Recommended WINE

 白酒 粉紅氣泡酒 紅酒 白酒 粉紅酒

輕盈×
酸味柔順

輕盈×
酸味強

輕盈×
酸味厚實

這道沙拉帶有柔和的酸度，很適合同樣酸味
柔和的白酒，尤其推薦微甜的酒款。此外，
清脆的高麗菜佐上粉紅氣泡酒的爽暢感，也
相當令人著迷。

POINT

以松子添加
風味和口感！

松子是松樹種子中胚乳的部
分，不僅營養價值高，濃郁的
香氣和咬下去的啵啵口感都令
人著迷。在土耳其料理中是很
常見的食材，也是抓飯中的人
氣配料。

蔬菜在油中慢煮後，加入米增加稠度，
來自土耳其家庭的傳統在地美味。

土耳其風味
橄欖油燉蔥

食材 2人份

大蔥 2根
紅蘿蔔 1/2根
大蒜 1/2瓣
A｜米 1大匙
　｜番茄糊 1/2大匙
　｜現擠檸檬汁 1/4顆
　｜鹽 1小匙
　｜砂糖 1/2小匙
橄欖油 1/4杯

作法

① 大蔥切成5cm長段。紅蘿蔔切成
5cm長段後，縱切四等分。大蒜
切末。

② 鍋中放入橄欖油、蒜末後，開小
火加熱到香氣出現，再放入蔥、
紅蘿蔔拌炒。

③ 加入 A，蓋上鍋蓋燜煮15分鐘，
起鍋後稍微放涼即可食用。

Recommended WINE

 紅酒 白酒 白酒 橘酒　粉紅酒

輕盈×
酸味強

輕盈×
酸味厚實

輕盈×
酸味柔順

番茄與橄欖油的組合，佐上輕盈的紅酒或白
酒都很順口。柔和的橘酒、粉紅酒入口後和
蔥、米經過久燉的濃稠感結合，更能感受到
舒適的尾韻。

POINT

以番茄糊
增添甜度和豐厚度

番茄糊在土耳其料理中的存
在，大概等同日本料理的味
噌或醬油，具有提升甜度和
醇厚感的作用，被大量運用
在燉菜、湯品中。

Recommended WINE

白酒	白酒	白酒	氣泡酒	粉紅酒
輕盈× 酸味厚實	輕盈× 酸味柔順	厚重× 酸味厚實		

從檸檬的酸味中不時浮現些許的洋蔥辛辣、青椒清新……爽口卻具有層次的料理,最適合搭配白蘇維翁這種暢快、帶有香草氣息的白酒。

蔬菜、豆子、起司、蛋,料豐味美的沙拉!
擠一點檸檬汁,風味清爽而不膩。

土耳其
白扁豆沙拉

食材　2-3人份

白扁豆(水煮)1杯
洋蔥　1/4顆
青椒　1顆
平葉巴西里 4枝
大番茄　1/2顆
黑橄欖　6顆

A　現擠檸檬汁
　　1/2顆
橄欖油 1大匙
薄荷(乾燥)
　　1大匙
辣椒粉 少許
鹽　1/4小匙
菲達起司　50g
水煮蛋　1顆

作法

① 將洋蔥、青椒、平葉巴西里切碎。番茄切5mm小丁。黑橄欖對半切。

② 在碗中混合 A,加入白扁豆、步驟 1 拌勻。

③ 盛盤,撒上用手撕開的菲達起司、切成船型的水煮蛋即可。

POINT

**菲達起司是
美味關鍵!**

菲達起司是來自希臘、由羊奶製成的起司。由於鹹度高,撕成小塊後加入料理,能夠帶來味覺上的亮點。如果怕過鹹,可以先稍微泡水去除鹽分。

Recommended WINE

紅酒	紅酒	紅酒	粉紅酒
輕盈× 酸味強	輕盈× 澀味強	厚重× 酸味強	

紅酒和粉紅酒都很適合這道料理,酒中的單寧能夠中和羊肉味、提升肉的鮮甜感受。也可以配合酸度高的番茄酸奶醬,以同樣酸度明顯的酒款佐餐。

清爽的優格醬,和濃郁的羊肉及番茄堪稱絕配!
再加上酥脆的薯條,沒有人能夠吃一口就停下來。

番茄羊肉薯條
佐優格醬

食材　2人份

羊肉片 200g
洋蔥(切碎)1/2顆
蒜末 1/2瓣
A　大番茄(切1cm小丁)1顆
　　奧勒岡(乾燥)1大匙
　　鹽、胡椒　各少許
橄欖油 1大匙
冷凍薯條、炸油　各適量
無糖原味優格　適量

作法

① 將炸油加熱到180℃,放入薯條炸到金黃酥脆,起鍋瀝油。

② 於平底鍋中加入橄欖油、蒜末,小火加熱到香氣出現,放入洋蔥碎炒軟後,再放入羊肉片。煮到肉色轉變後,加入 A,慢慢翻炒到整體濃稠。

③ 將步驟 1 的薯條盛盤,淋上步驟 2、無糖原味優格。可再依喜好撒平葉巴西里碎或辣椒粉享用。

86

Recommended WINE

 橘酒
 紅酒　輕盈 X 澀味重
 白酒　厚重 X 酸味柔順
 粉紅酒

白酒　輕盈 X 酸味柔順

馬薩拉香料佐配橘酒再好也不過！綿滑香甜的南瓜也很適合帶些許甜度的白酒和粉紅酒。

食材　2-3人份

羊肉片 50g
南瓜 300g
洋蔥 1/4顆
孜然（整顆）1小匙
A　咖哩粉 1大匙
　　馬薩拉綜合香料 1小匙
　　鹽 1/4小匙
春捲皮 4片
沙拉油 1大匙
麵粉、炸油 各適量

南瓜經過油炸後甜度大幅提升。
散發濃濃辛香料氣息的印度咖哩餃，
可以充分品嚐到具有深度的風味層次。

羊肉南瓜印度咖哩餃

作法

① 羊肉片隨意切碎。南瓜去皮去籽後切成一口大小，放入耐熱容器中，封保鮮膜微波加熱7-8分鐘，再用叉子壓成泥。洋蔥切碎末。

② 平底鍋中加入沙拉油、孜然，熱鍋後放入洋蔥炒到半透明，再加進羊肉、A，炒到肉色轉變。關火，和步驟1的南瓜泥拌勻成內餡。

③ 將春捲皮縱切三等分，取一張在其中一角鋪約1/12的步驟2內餡，接著將春捲皮不斷折成三角形，確實包裹住內餡。最後在接合處抹麵粉水（麵粉1：水1），確實黏合。

④ 炸油預熱到180℃後，放入步驟3炸1-2分鐘至金黃上色，即可起鍋瀝油。

POINT

印度餃的包法

將切成1/3的春捲皮平貼在砧板上，把內餡集中在一角，呈三角形（a）。一邊往斜上方折成三角形一邊包起（b），最後在邊緣塗抹一層麵粉水黏合即可（c）。

Recommended WINE

白酒	橘酒	白酒	白酒	白酒
輕盈× 酸味柔順	輕盈× 酸味厚實	厚重× 酸味厚實	厚重× 酸味柔順

充滿蛤蜊鮮甜的料理，推薦搭配西班牙的阿
爾巴利諾白酒等與海味相襯的礦物感白酒，
或是和高湯風味相近的橘酒也很適合。

蛤蜊和蒔蘿是越南菜的招牌搭檔。
吸飽貝類高湯的河粉，
很適合當酒席最後的收尾料理。

海味蛤蜊蒔蘿河粉

食材　2人份

河粉 160g
蛤蜊（已吐沙）200g
蒔蘿 4根
薑片 1小段的量
魚露 2大匙
豆芽菜 1/4包
橄欖油 1/2大匙
綠檸檬角 2個
辣椒圓片 適量

作法

1. 將蛤蜊殼對殼搓洗乾淨後，瀝乾。蒔
蘿摘下葉子備用。鍋裡倒入橄欖油、
薑片，以小火加熱至香氣出現，放入
蛤蜊約1分鐘，再倒入4杯水（材料
分量外）。

2. 煮到蛤蜊開口後，加進魚露，蛤蜊先
撈起備用。轉中火，將鍋中高湯煮
沸，再放入豆芽菜、辣椒片略煮。

3. 另起一鍋滾水，將河粉依照包裝標示
時間煮好，撈起盛盤，再沖入步驟2
的高湯，擺上蛤蜊、豆芽菜、蒔蘿、
檸檬角即可。

POINT

以米製成的柔軟麵條

越南料理中常見的河粉，
是用米製作而成的扁平麵
條。斷口性好，多半用來
做成湯麵。在很多進口超
市皆可購得。

略帶硬度的麵條，才是正統的在地風味！
蔥和蠔油的鮮甜滿溢而出，
以這道料理下酒，忍不住就想多喝一杯。

——

只有蔥的港式炒麵

在充分吸收牛肉甜味和油脂香氣的飯上，
拌入一顆濃～郁誘人的半熟蛋黃，完全無法招架！
一定要試試看用土鍋烹煮，底部的鍋巴迷人無比。

——

港式迷你煲仔飯

食材 2人份

中式蒸麵（港式炒麵用） 2球
大蔥 2根
A｜紹興酒 2大匙
　｜XO醬、老抽、蠔油 各1大匙
　｜五香粉 少許
芝麻油 2大匙

作法

① 大蔥切斜片。蒸麵打開包裝，微波加熱1
分鐘，再將麵條剝散。

② 於平底鍋中倒入芝麻油，以中火熱鍋後，
將蒸麵攤開放入，靜置煎到兩面金黃上色
後取出。

③ 在同一個平底鍋中放入蔥略煎，再將步驟
2的麵放回鍋中，淋入A拌勻即可。

Recommended WINE

粉紅酒	紅酒	白酒	白酒	橘酒
	輕盈× 酸味重	輕盈× 酸味厚實	輕盈× 酸味柔順	

粉紅酒能夠溫柔承接濃厚的蠔油和五香粉的
香料味。也可以選擇輕盈的白酒，搭配蔥的
爽脆口感，吃起來沒有負擔。

POINT

**務必要耐心煎到
酥脆、略硬的口感！**

想要重現脆硬有咬勁的港式
炒麵，一開始就要確實將麵
煎到水分蒸發、帶有金黃焦
色。這道料理比起粗麵，用
細麵的口感更好。

食材 2人份

泰國米（茉莉香米） 180ml(一杯)
牛肉片 150g
香菇 2朵
A｜老抽（或醬油）、紹興酒 各1大匙
　｜蠔油、芝麻油 各2小匙
　｜太白粉 1小匙
　｜糖 1/2小匙
　｜蒜泥 1/2瓣
沙拉油 1小匙
蛋黃 1顆
蔥花 適量

作法

① 在碗裡混合A和牛肉，按摩到吸收入味。
香菇切薄片。

② 取一個小土鍋，放入泰國米、沙拉油，倒
入和米等量的水。蓋上鍋蓋，開中火，煮
沸後轉小火煮3分鐘，掀蓋放入步驟1，
用湯匙在飯中間壓一個凹洞。蓋回鍋蓋續
煮4分鐘後，關火燜2-3分鐘。在凹洞處
放入蛋黃、撒上蔥花即可拌勻享用。

Recommended WINE

橘酒	白酒	粉紅酒
	輕盈× 酸味厚實	

蠔油牛肉厚重的口味，佐上偏甜的
橘酒，可以達到相乘的美味效果。
為了避免尾韻過膩，建議選擇輕盈
順口的酒款。

POINT

**泰國米獨特的香氣
充滿魅力**

香港的煲仔飯普遍都是用泰
國米。清洗時稍微過水淘洗
即可，避免吸收太多水分，
才能保有泰國米特有的香氣
和粒粒分明的口感。

COLUMN 搭配自己的居家餐酒套餐

想要享用 輕盈X酸味柔順的白酒時

現代和食套餐

開胃前菜

藍紋起司
油豆腐(p.37)

馬斯卡彭豆腐
拌草莓柳橙
(p.95)

滿滿巴西里
納豆小點
(p.44)

蜜漬梅乾
拌羊栖菜
(p.38)

開場可以先用
啤酒或粉紅酒乾杯！

想要享用 厚重x酸味柔順的白酒時

善用香草香氣的
亞洲風情套餐

開胃前菜

鯖魚罐拌蒔蘿
(p.36)

異國風粉吹芋
(p.42)

魚露番茄拌蘘荷
(p.44)

開場可以先用
啤酒或粉紅氣泡酒乾杯！

試試看像這樣的菜單安排吧！
倆人的話3-4道菜就很豐盛，可以依照人數自由調整。

家常的日本料理很容易給人樸實的感覺，
但本書中設計的餐酒和食，卻連視覺都相當滿足。
意猶未盡時不妨再加道肉類料理收尾，
或是端出鍋煮白飯，淋蒸魚的美味湯汁也很討喜。
好吃到合不攏嘴的料理，恐怕開幾瓶酒都不夠！

收尾料理

高湯浸煮牛肉西洋菜
(p.39)

奶油乳酪牡蠣炸春捲
(p.105)

酒蒸魚佐西芹醬油
(p.99)

以油脂豐厚的喜知次魚當
主菜，大氣展現豪華感！

在天氣晴朗或悶熱時，享用香草味濃郁的料理，
喝上一杯冰到透徹的白酒，那種幸福感難以言喻！
休假時從白天就開始想喝酒時，最適合這種跳脫日常的風味。
除了白酒外，搭配橘酒或淡紅酒也很適合的異國風套餐。

收尾料理

紅油山茼蒿抄手
(p.74)

塔香茄子豬肉片
(p.75)

蝦醬椰奶燉炸蛋
(p.81)

海味蛤蜊蒔蘿河粉
(p.87)

將各式各樣的下酒菜
一字排開～

適合葡萄酒的現代和食

結合香草等元素開拓出的嶄新和食風貌，與葡萄酒極其般配。
從和食×葡萄酒開始，通往前所未見的味覺新世界。

by Daisuke Igarashi

鹽麴蔬菜鮭魚
拌鮭魚卵

蔬菜拌醋漬鯖魚
佐醋橘山葵醬油

山茼蒿蘋果沙拉
佐柿餅醬

馬斯卡彭豆腐
拌草莓柳橙

鹽麴醃鮭魚，入口即化、味道更濃厚。
刻意將蔬菜切得較粗，
保留清脆口感、增加層次。

鹽麴蔬菜鮭魚
拌鮭魚卵

Recommended WINE

厚重×
酸味厚實

鹽麴溫和的口感與甜味，適合以口感與風味相近、味道濃厚的白酒或微甜粉紅酒來襯托。

食材 2人份

鮭魚卵（鹽漬或醬油漬）
　2大匙
鮭魚（生魚片用）100g
蘿蔔 3cm圓段（150g）
紅蘿蔔 3cm圓段（40g）
鹽 1小匙
鹽麴 60g

作法

❶ 將蘿蔔、紅蘿蔔切絲，撒鹽靜置30分鐘至變軟後，輕輕擠去多餘水分。鮭魚切薄片備用。

❷ 在碗中放入步驟1和鮭魚卵、鹽麴拌勻（如果有食用菊花瓣，可以用鹽水稍微汆燙後加入），靜置約2小時入味即可。

以與葡萄酒相襯的醋橘，
緩和味道較為濃烈的鯖魚，
並以隱約的山葵來增加層次感。

蔬菜拌醋漬鯖魚
佐醋橘山葵醬油

Recommended WINE

輕盈×
酸味重

油脂豐厚的鯖魚搭配略帶單寧味的葡萄酒，更能強調出鮮甜。請一定要試試看搭配輕盈紅酒或粉紅酒的滋味。

食材 2人份

鯖魚 1片（約250g）
油菜花 1/4株
甜豆 3個
鴻禧菇 1/2包
鹽 500g
米醋 適量
A　蘿蔔泥 100g
　高湯 2大匙
　醬油 1小匙
　現擠酢橘汁 2顆
　山葵泥 適量

作法

❶ 鯖魚均勻抹鹽後靜置約1小時，洗淨拭乾再挑除魚刺。倒入米醋至略淹過鯖魚，靜置1小時，接著封保鮮膜冷凍至少24小時醃漬。取出後自然解凍，切成8mm厚片。

❷ 煮一鍋滾水加少許鹽（材料分量外），快速將油菜花燙熟瀝乾，切成適合入口的長段。甜豆撕掉粗絲，鴻禧菇切除根、剝小塊，分別用燙油菜花的水燙熟。平底鍋開中火熱鍋，不加油，直接放入鴻禧菇，拌炒至軟化。

❸ 在碗中加入A、步驟2拌勻，接著再與步驟1的鯖魚略為拌勻即可。

POINT

將鯖魚充分冷凍
預防食物中毒

引發海鮮食物中毒的一大主因——「海獸胃線蟲」，只要在零下20℃的環境中超過24小時就會死亡。也可以直接購買市售的冷凍鯖魚使用。

在水果風味的沙拉醬，
以及微苦的山茼蒿二重奏間，
穿插提升食慾的芝麻香氣和口感。

山茼蒿蘋果沙拉
佐柿餅醬

Recommended WINE

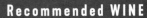

| 白酒 | 橘酒 | 氣泡酒 | 粉紅酒 |

輕盈×酸味厚實

水果或醋味的沙拉，最適合又酸又清爽的白酒。除此之外，和芝麻很搭的橘酒也值得一試。

食材　2人份

山茼蒿 1/2株
蘋果 1/4顆
檸檬片 1片
柿餅 2個
A　高湯 1⅓大匙
　　濃口醬油、蘋果醋 各2小匙
　　紅酒醋（或白酒醋）1小匙
米油　2大匙
焙煎芝麻　1大匙

作法

① 山茼蒿切除根部後，切成4cm長段，接著泡水30分鐘再瀝乾。蘋果對半切，半顆去皮，半顆帶皮切成約5mm的扇形片，泡入裝有檸檬和水的碗中約2分鐘，取出瀝乾。

② 柿餅去除蒂頭，對半切後去籽，將果肉用刀刮出並切剁成泥，和A拌成醬汁。剩餘的柿餅皮隨意切小塊備用。

③ 在碗中加入步驟①、柿餅皮、米油略拌後，放入步驟②的醬拌勻，再撒上芝麻。

POINT

以柿餅
增加濃稠度

柿餅是將澀柿用硫磺燻蒸烘乾而成，中間的果肉會呈現果凍般的質地。利用這樣半生狀的果肉特性，可以製作出具有濃稠感的醬汁。

在樸實的豆腐中加入濃郁的馬斯卡彭，
最適合來一杯氣泡酒！
入口後花生醬的層次讓人深深著迷。

馬斯卡彭豆腐
拌草莓柳橙

Recommended WINE

| 白酒 | 粉紅氣泡酒 | 粉紅酒 |

輕盈×
酸味柔順

綿密滑順又帶有酸味的馬斯卡彭乳酪，除了氣泡類的酒以外，產自法國羅亞爾河的白詩楠等，酸味柔順的白酒也很推薦。

食材　2人份

草莓 6顆
柳橙 1/2顆
嫩豆腐 1/2塊（150g）
馬斯卡彭乳酪 80g
鹽 1小撮
花生醬（含糖）1大匙
切碎的柳橙皮 少許

作法

① 草莓洗淨去蒂頭，對半縱切。柳橙剝掉外皮和內層白膜，切成一口大小。

② 在鍋中放入豆腐和水煮滾後，續煮約1分鐘。用篩網撈起豆腐，以廚房紙巾包起拭乾水分，再和馬斯卡彭乳酪、鹽、花生醬一起放入食物調理機中，攪拌到綿滑均勻。

③ 在容器中交錯放入草莓、柳橙、步驟②，撒上柳橙皮裝飾即可。

POINT

以花生醬
增加濃厚度和甜味

花生醬選用吐司抹醬的含糖商品即可，和豆腐拌在一起，除了堅果香氣和綿滑口感，還能增添些許的甜度。

低溫緩慢熟成的牛肉濕潤又柔軟，
搭配以高湯為基底的清爽醬汁，
最適合與粉紅酒一同享用。

七味粉高湯風味
日式烤牛肉

食材 2人份

大塊牛腿肉 150g
蒜片 1瓣
百里香（新鮮）2-3根
A ┃ 高湯 3/4杯
  ┃ 醬油、味醂 各2大匙
沙拉油 1大匙
櫻桃蘿蔔片 2顆
貝比生菜、七味粉 各適量

作法

① 牛肉在烹調前30-60分鐘，先從冰箱取出恢復室溫。

② 鍋中加入 A，開中火煮滾後關火放涼，再放入夾鏈耐熱袋中。

③ 在平底鍋中放入沙拉油和蒜片、百里香，開中火加熱到香氣出
現，放入牛肉塊。轉大火，一邊翻面一邊煎到表面金黃上色
後，趁熱放進步驟 ② 的耐熱袋中，擠出空氣再密封。

④ 在電子鍋中倒入約60℃的熱水，放入步驟 ③，按下保溫鍵一小
時左右。

⑤ 取出後，將袋中的湯汁倒入鍋中，中火煮沸再撈除浮沫，續煮
約15分鐘至濃稠，做成醬汁。

⑥ 將牛肉切成約0.3cm的片狀，盛入盤中，撒上貝比生菜和櫻桃
蘿蔔片裝飾，淋上步驟 ⑤ 的醬汁，撒點七味粉即完成。

Recommended WINE

紅酒	紅酒	紅酒	紅酒
輕盈×澀味強	輕盈×酸味強	厚重×酸味強	厚重×澀味強

能夠充分引導出鴨脂鮮味的，非澀味紅酒莫屬。柔軟的鴨肉適合勃根地的黑皮諾，口感帶有咬勁的，則推薦波爾多的卡本內蘇維翁。

馥郁的鴨油溶入紅酒中，
激盪出耐人尋味的濃厚醇香。
鴨肉煮久容易變韌，
烹調時要留意避免過熱。

紅酒醬燒蔥鴨

食材 2-3人份

鴨胸 1片（240g）
大蔥 1/2根
A │ 醬油、紅酒 各90ml
　 │ 高湯、味醂 各3大匙
沙拉油 1大匙
粗磨黑胡椒 適量

作法

① 買回來的鴨肉，請先用刀剃除多餘的油脂或皮膜，再切成0.7cm厚片。將A在調理盤中混勻後，泡入鴨肉浸漬20分鐘。在大蔥上以0.2cm為間距斜劃刀痕，再切成4cm長段。

② 於平底鍋中倒入沙拉油，開中火加熱，再放入蔥段煎到上色。接著將步驟1的鴨肉取出拭乾，放入鍋中煎30秒，翻面後關火盛盤。

③ 將浸泡鴨肉的醬汁倒入鍋中加熱，煮1-2分鐘濃縮後，淋到鴨肉上，再撒黑胡椒即完成。

POINT

確認購買的鴨肉狀態

翻到不帶皮的肉面，如果看到白色的脂肪、膜、筋就用刀子去除，皮面有殘留的鴨毛也要拔除。假設購買的鴨肉已做好前置處理，就可以省略此步驟。

Recommended WINE

白酒　粉紅酒

輕盈 ×
酸味柔順

產自南法的夏多內等柔和白酒及微
甜的粉紅酒，都很適合這道料理。
喜知次魚特有的鮮甜和油脂在口中
融合成令人沉迷的綿長尾韻。

在帶有豐厚油脂的白肉魚上，
唰地淋上滾燙熱油，
油和魚脂的鮮味瞬間釋放到醬油中，
浪費一滴都覺得可惜！

——

酒蒸魚
佐西芹醬油

食材　2人份

喜知次魚（或其他油脂多的白肉魚）1尾
薑片　約1小段的量
蔥綠、西洋芹葉 各1根
鹽 1小匙
酒 2大匙
A　醬油 2⅔大匙
　　溜醬油（可用醬油替代）、烏醋 各2小匙
　　味醂 4小匙
　　紹興酒 1大匙
　　西洋芹莖（切片）1/2根
豆苗 1/2包
蔥白 5cm
綜合堅果（無調味）適量
米油 2大匙

作法

❶ 購買的魚若未經處理，需先去除魚鱗和內臟，洗
　淨後拭乾，撒鹽備用。豆苗切除根後，放入加了
　鹽的滾水中，汆燙約30秒再瀝出。蔥白去除中間
　的芯，切細絲，泡冰水5分鐘後瀝乾。堅果放入塑
　膠袋中，用擀麵棍稍微敲碎。

❷ 將魚擺在耐熱盤上，周圍放入蔥綠、西洋芹葉、
　薑片、酒，放入事先將水煮沸的蒸籠中，蓋鍋
　蓋，保留一點縫隙不密合，中火蒸約10分鐘。

❸ 將A倒入鍋中，中火煮沸後關火，取出西洋芹莖。

❹ 接著趁熱倒入盤中，再放上蒸好的魚、豆苗、蔥
　白絲，隨意撒入堅果碎。取一小鍋加熱米油後，
　直接沖淋到魚上。

POINT

務必挑選
油脂豐厚的白肉魚

買魚時可以請魚販幫忙做好
前置處理，但一定要保留美
味的魚肝。建議選用喜知次
魚、黑喉魚或其他油脂多的
魚，若偏好清爽的鱈魚等，
也可以在米油中混入芝麻油
增加香氣的厚度。

保留蒸氣的出口，
慢慢蒸熟

蒸的時候，刻意將鍋蓋錯開
些微空隙，讓多餘的蒸氣流
瀉出去。這樣一來可以避免
魚肉的鮮甜味在加熱過程中
流失。

勁的口感，搭配又重又酸的白酒
也絲毫不落下風。

厚重×
酸味厚實

表面金黃焦香的牛舌，淋上辛香味滿溢而出的醬汁，
在咀嚼之間不斷散發出清爽的香氣和豐富的口感。

鹽燒牛舌佐滿滿辛香料醬汁

食材　2人份

牛舌（厚切片）200g
鹽 1/2小匙
A　蘿蔔泥 150g
　　青紫蘇（切絲）5片
　　大蔥（切末）5cm長段
　　青蔥（切蔥花）2大匙
　　蘘荷（切薄片）1個
　　蘿蔔嬰（切3cm段）1包
　　芝麻粉 1小匙
　　芝麻油 1大匙
　　鹽 1/2小匙
　　現擠檸檬汁 1顆
沙拉油 1大匙
山椒粉 適量

作法

① 在牛舌片其中一面上斜劃出間隔
約5mm的淺格紋，撒鹽後靜置
30分鐘。

② 平底鍋中倒入沙拉油，大火熱鍋
後，將牛舌片切面朝下入鍋，煎
到金黃帶些許焦色後，翻面關
火，用餘溫煎熟。

③ 盛盤，淋入拌勻的 A，撒上大量
山椒粉即完成。

POINT

厚切牛舌淺劃刀紋
口感更為軟嫩

充滿咬勁的牛舌，在表面輕劃出
深約0.1-0.2cm的刀痕，口感就
會相當柔軟。蘿蔔磨成粗泥，或
是一半磨細一半切小丁，保留些
許口感增添變化。

彷彿酒粕湯般風味醇厚的鏘鏘燒，就以同樣酸味醇厚不刺激的白酒來做搭配。

以蒸燒的方式烹調鮮美的白北魚，再加入溫醇的酒粕，家邁的漁夫料理也有高級感受。

酒粕風味
白北魚鏘鏘燒

食材　2人份

白北魚（切片）2片
洋蔥 1/2顆
香菇 2朵
紅蘿蔔、牛蒡 各5cm長段
高麗菜 1/4顆
蘆筍 3根
鹽 少許

A｜
白味噌 1½大匙
米味噌 1小匙
酒粕 2小匙
高湯 1大匙
醬油 2/3小匙
酒 1⅓小匙
沙拉油 2大匙

作法

① 白北魚切半（或切大塊），兩面撒鹽靜置10分鐘。洋蔥、香菇切薄片，紅蘿蔔、牛蒡切長方形片，高麗菜切大片。蘆筍削掉尾端硬皮後，斜切4cm長段。

② 於平底鍋中倒沙拉油，中火熱鍋後，將白北魚皮面朝下放在鍋子中間，周圍擺入蔬菜，蓋鍋蓋燜燒10分鐘。中途掀蓋將魚翻面，稍微翻動一下蔬菜。燜燒到蔬菜軟化，倒入混勻的A，略為拌勻後關火。

POINT

酒粕的濃郁感
與葡萄酒搭配得宜

在起司般濃郁的酒粕中加入白味噌，就是適合葡萄酒的餐酒料理。酒粕不限板狀或稠狀，也可以依照個人喜好，在高湯中加蒜泥增添香氣！

Recommended WINE

橘酒　白酒

厚重×
酸味柔順

充滿海鮮精華的鍋物，最適合帶有
鮮味的橘酒。尤其是產自西班牙卡
泰隆尼亞等沿海地區的葡萄酒，與
海鮮最是對味！

魚露和海鮮高湯融合後的鮮度超群，
再加上蠔油風味的香菜沾醬，食慾倍增！

海鮮什錦鍋
佐香菜魚露沾醬

食材 2人份

鱈魚、鯛魚（切片）各2片
蛤蜊（已吐沙）8顆
蝦子（帶頭／有殼）4尾
油豆腐 1塊
白菜 3片
大蔥 1根
水芹 1株

A　高湯 3½杯
　　薄口醬油 2⅓大匙
　　味醂、魚露 各略多於1大匙

B　芝麻油 1/4杯
　　蠔油、醬油 各1⅓大匙
　　豆瓣醬 1/3小匙

香菜碎、檸檬 各適量

作法

① 鱈魚、鯛魚對半切。蛤蜊殼對殼搓洗乾
淨。蝦子剝殼（保留頭），去腸泥。

② 油豆腐用滾水汆燙去油，切成5cm小
塊。白菜將葉與梗分開，葉子切成容易
食用的大小，梗切成5cm長的細絲。大
蔥切成約1cm的斜片。

③ 在鍋中倒入A拌勻，開中火。煮滾後撈
除浮沫，依序加入步驟1、2，將所有
食材煮熟後，關火，放入切成6cm長段
的水芹。

④ 將B混合成沾醬，撒入香菜碎、擠入檸
檬汁，和步驟3的鍋物一同享用。

POINT

富有異國風味的
香菜沾醬！

以香菜的香氣、檸檬的酸味、豆
瓣醬的辣度交織而成的沾醬，讓
日式鍋物瞬間充滿異國感。香菜
的香氣與葡萄酒更是絕配。

在番茄和羅勒的薰陶下，
高湯浸炸物也染上現代風情。
甘鯛細緻的味道，非常適合搭配茄汁口味的沾醬。

高湯浸炸甘鯛根菜
佐茄汁天婦羅醬

Recommended WINE

橘酒　粉紅酒　紅酒　白酒

輕盈×酸味重　厚重×酸味厚實

橘酒能夠突顯天婦羅醬，粉紅酒可以強調番茄果酸，或者，透過白酒來襯托甘鯛的鮮甜。替換不同餐酒，展現一道料理的多角度魅力。

食材 2人份

甘鯛（切片）2片
鹽 1小匙
蓮藕 1/3段（50g）
紅蘿蔔 1/3根（50g）
牛蒡 1/3根（50g）
大番茄 1顆
A　高湯 1/2杯
　　味醂、醬油 1⅓大匙
太白粉、炸油 各適量
新鮮羅勒 適量

作法

① 蓮藕、紅蘿蔔、牛蒡切滾刀塊，和水一起放入鍋中，煮至沸騰後續煮2分鐘，用篩網撈起備用。甘鯛兩面撒鹽，靜置約10分鐘醃漬。

② 大番茄切一口大小，和A一起放入鍋中，煮軟後關火。

③ 將步驟1的蔬菜用紙巾拭乾，撒一層薄薄的太白粉後，放入160℃的炸油中，炸至表面金黃酥脆。接著將油鍋加熱到180℃，放入甘鯛炸至表面金黃。

④ 將步驟3盛盤，淋上步驟2，再依喜好撒上黑胡椒，以羅勒裝飾即可。

POINT

以香草搭建
和食與葡萄酒的橋樑

以羅勒×番茄的義式經典組合，一口氣縮短日本料理和葡萄酒間的距離。番茄建議選擇甜度高的品種，也可以改用小番茄。

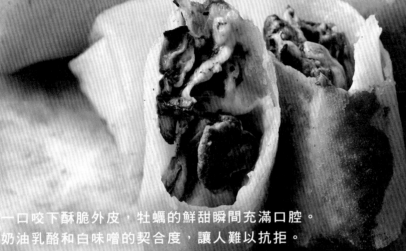

一口咬下酥脆外皮，牡蠣的鮮甜瞬間充滿口腔。
奶油乳酪和白味噌的契合度，讓人難以抗拒。

奶油乳酪牡蠣炸春捲

Recommended WINE

白酒	白酒	白酒	白酒	氣泡酒
厚重×酸味柔順	輕盈×酸味厚實	厚重×酸味厚實	輕盈×酸味柔順	

牡蠣和白酒是天造地設的一對！最適合和奶油乳酪也同樣相襯、微甜且酸度溫和的白酒。炸春捲的酥脆口感，搭配氣泡酒也很暢快。

食材 2-3人份

牡蠣 120g
水芹 1/2株（40g）
A｜奶油乳酪、白味噌 各40g
春捲皮 3片
麵粉、炸油 各適量

作法

① 牡蠣放入鹽水（材料分量外）中輕輕掏洗乾淨，瀝乾。水芹切除根部，放入加有少許鹽的滾水鍋中快速汆燙後，泡冷水降溫再擠掉水分，切末。

② 在春捲皮上依序擺放各1/3分量的牡蠣、拌勻的A、水芹末後捲起，收口前先在春捲皮上塗抹麵粉水（同比例的麵粉和水），再捲起收口。依照相同方式捲出另外兩捲。

③ 將炸油加熱到170℃後，放入春捲炸至金黃酥脆即可。

POINT

包春捲的關鍵手法

將春捲皮攤開後，在靠近自己的一端放牡蠣、A、水芹（a），用手一邊壓一邊從下往上捲一層，避免空氣進入。接著先將兩端往中間折（b），再捲到底。

白酒　橘酒　粉紅酒

輕盈 ×
酸味柔順

蕎麥麵具有深度的口感，加上馥郁
濃厚的芝麻醬，建議佐配風味相
近、微甜淺酸的溫和白酒，或是溫
潤的橘酒、粉紅酒。

嚕嚕順口的蕎麥麵上裹滿濃濃芝麻醬，
加上鮪魚的鮮和辛香料的香氣，誘人無比。

鮪魚麻醬蕎麥麵

食材　2人份

生蕎麥麵 120g
鮪魚（骨邊肉／生食用）100g
A ｜ 高湯 1¼ 杯
　　醬油、味醂 各70ml
　　柴魚片 1小撮
白芝麻醬 4大匙
山葵泥 2小匙
蔥花、海苔（撕小片）各適量
高麗菜嬰（切4cm段）適量

作法

1　製作芝麻拌麵醬。將A放入鍋中，中火煮沸後關
　　火放涼。接著倒入鋪有一層餐巾紙的篩網中過
　　濾，再少量多次加入白芝麻醬拌勻。

2　接著取出1/2杯的量，放入拭乾的鮪魚，浸漬約
　　10分鐘後取出瀝乾。

3　煮一鍋滾水，將蕎麥麵依照包裝標示時間煮熟
　　後，用篩網撈起，先在流水下稍微沖洗後，泡冷
　　水1分鐘，再瀝乾盛盤。最後淋入剩餘的步驟1拌
　　麵醬，擺入鮪魚、蔥花、山葵泥、海苔、高麗菜
　　嬰即完成。

在鰻魚與牛蒡的經典組合中，加上鬆軟炒蛋。
起鍋時以山椒葉點綴，外觀與味蕾都奢華滿足。

鰻魚牛蒡炒蛋
土鍋炊飯

食材 2人份

米 360ml（2杯）
蒲燒鰻魚（市售）1片（150g）
牛蒡 1/3根
A｜高湯 3/4杯
　｜薄鹽醬油、味醂 各略多於1大匙
雞蛋 2顆
鹽 1小撮
沙拉油 2小匙
鰻魚醬（市售）、山椒粉 各適量

作法

① 米洗淨後，放在篩網上瀝乾約15分鐘。接著和360ml的水
一起放入土鍋中，浸泡30分鐘左右。

② 鰻魚先縱切成一半，再切成寬約3cm的小塊。牛蒡削薄片。
將A放入鍋中，開中火煮沸後，放入牛蒡略煮即關火，自
然放涼後瀝乾。

③ 雞蛋加鹽打散。於平底鍋中倒入沙拉油，開中火熱鍋後，
倒入蛋液快速拌炒至半熟狀態即關火。

④ 將步驟1的土鍋蓋上鍋蓋，大火煮沸後轉小火續煮7分鐘。
掀蓋放入鰻魚、牛蒡後蓋回鍋蓋，關火燜10分鐘左右，即
可淋入鰻魚醬汁、擺上炒蛋，再撒山椒粉、點綴大量山椒
葉享用（山椒葉沒有可省略）。

POINT

超市或百貨公司賣的
蒲燒鰻魚也OK

炊飯的主角鰻魚，使用市售品與
附贈的醬汁就能完美呈現。起鍋
後放入大量的山椒葉，不僅具高
級感，也能夠增加味覺亮點。

COLUMN 搭配自己的居家餐酒套餐

想要享用 橘酒的時候

肉類為主菜的套餐
以和食當前菜

開胃前菜

藍紋起司油豆腐
(p.37)

油拌蕪菁烏魚子
(p.40)

酒蒸白芹蛤蜊
(p.41)

山茼蒿蘋果沙拉
佐柿餅醬
(p.95)

開場可以用葡萄酒或啤酒乾杯。

想要享用 自然派的橘酒或粉紅酒時

以小盤的中東風味羊肉料理
感受旅遊般的異地風情

開胃前菜

孜然涼拌紫高麗菜絲
(p.84)

土耳其風味
橄欖油燉蔥(p.84)

土耳其白扁豆沙拉
(p.85)

先用啤酒開場，
嘗試各國的特色啤酒！

試著安排自己的專屬套餐吧！
倆人的話3-4道菜就很豐盛，依照人數自由調整。

風味百搭的橘酒，遇到高湯或日式淡雅口味也能大展身手。
在大口享用肉料理前，先以現代感的前菜小酌幾杯……
主菜是豬肉的米蘭風炸肉片，但前菜搭配「橙汁煎鴨胸（p.64）」也毫無違和。
抓飯可以與主菜一同享用，也可以加入蟹肉自成一道豐富菜餚。

→ 收尾料理

韃靼牛肉
(p.57)

米蘭風炸肉片
(p.65)

蘑菇抓飯
(p.71)

沒有橘酒時，
改飲紅酒也獨具滋味！

自然酒不僅適合日式、中式菜色，搭配土耳其、摩洛哥等中東風味更是妙不可言。
妥善運用辛香料與香草、獨樹一格的調味。
酌量品嚐每種料理，讓彼此的味道在口中交融，展開與葡萄酒相遇後的浪漫情緣。
最後再以中式料理畫下句點，為這場際遇增添美麗的伏筆。

→ 收尾料理

番茄羊肉薯條
佐優格醬
(p.85)

羊肉南瓜
印度咖哩餃
(p.86)

清蒸鱈魚
佐番茄榨菜醬
(p.77)

港式迷你煲仔飯
(p.88)

\ 重點解說 /

COLUMN 掌握風味傾向，啤酒也能加入餐酒聯姻！

啤酒主要可分為兩大類

啤酒的種類稱為「啤酒風格（Beer Style）」。全世界雖有上百種啤酒，不過大致上可分為兩種。

MEMO

何謂精釀啤酒（Craft Beer）？

在美國，精釀啤酒須符合「小規模」、「獨立經營」、「使用傳統製法與原料」的條件。而日本雖無明確規範，但大多是指「出自小型酒廠，具有個性的啤酒」。

拉格型

尾韻乾淨，口感清新，可以大口暢飲的啤酒。

釀造方法

使用拉格酵母（底層發酵酵母）經過5-10℃的低溫發酵所釀製。由於酵母發酵後會沉到桶底，因此稱為「底層發酵」。此方法始於中世紀的德國，現在已成為全世界的啤酒主流。

風味

乾淨的尾韻加上清爽風味，讓人享受爽快入喉的口感。拉格啤酒適合的餐點相當多元，除了炸物以外，與清爽的料理搭配也是效果超群！建議冰鎮後品飲。

愛爾型

帶有多層次口感，風味濃烈，可以細細品嚐其酒香。

釀造方法

使用愛爾酵母（頂層發酵酵母）經過15-20℃的高溫發酵所釀製。因為酵母會隨著發酵時間懸浮到酒桶上層，又稱為「頂層發酵」，是一種超過兩千年歷史的古老釀造法。

風味

雖然每種愛爾啤酒風味並不相同，但大部分帶有鮮明的酒香且口感濃烈。適合搭配要慢慢品嚐的肉料理或味道濃郁的菜色。需要特別注意的是，過冰的溫度將會破壞愛爾啤酒的風味。

啤酒風味分佈圖

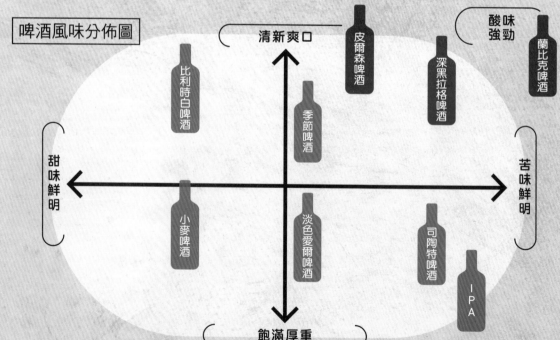

雖然都統一稱為啤酒，但依據釀造法與原料不同，仍會產生風味上的差異。
近年來有越來越多餐廳與商家開始販售個性豐富的精釀啤酒，選擇也不斷增加。
別再說「隨意先來杯啤酒」，配合當下的心情與料理，用心挑選啤酒吧！

具代表性的啤酒風味

拉格 皮爾森啤酒

清新無甜味，適合襯托餐點的口感

日本的大型啤酒公司所釀製的啤酒大多屬於皮爾森啤酒。不僅具有清爽的入喉感，風味鮮明的苦味也令人暢飲不膩。可搭配日式餐點、蔬菜料理、調味較淡的雞肉料理或油炸物等各式菜餚。

愛爾 小麥啤酒

口感滑順且帶有果香，非常容易入口

使用小麥釀製的代表性選手。小麥啤酒酵母具有香蕉般的果香味，釀製成酒後帶有甘甜風味與香氣。適合與同樣使用小麥為原料的麵包與三明治一起享用。此外，小麥啤酒出乎意料地和白味噌很對味。

愛爾 IPA (India Pale Ale印度式淡色愛爾啤酒)

強勁衝擊的風味與苦味大受歡迎

源自大航海時代的啤酒風格。當時為避免在長途運輸路程中腐壞，因而添加大量啤酒花作為防腐劑，造就其風味特徵，酒精濃度也相對偏高。與風味獨特的食材十分契合，也很適合用來搭配香料料理或辛辣、濃厚味噌口味的菜餚。

愛爾 比利時白啤酒

有著清爽柑橘味的比利時傳統白啤酒

使用小麥釀製的白啤酒。結合麥芽的甜味與柔和酸味，非常容易入口。由於會添加橘子酒及芫荽作為副原料，特徵上具有柑橘香及香料風味。很適合搭配香草沙拉或味道清淡的料理。

MEMO

除了拉格、愛爾以外的啤酒風格

例如自然發酵的「蘭比克啤酒」、加入水果的「水果啤酒」等等，世界上還有許多不隸屬拉格或愛爾的分類，採用獨特釀造法的啤酒種類。說不定你會發現顛覆心中啤酒印象的個性風味喔！

拉格 深黑拉格啤酒

雖然是黑啤酒卻很清爽，適合搭配烤肉！

宛如咖啡烘焙時的香氣與苦巧克力的風味是黑啤酒的特徵。雖是黑啤酒的一種，但因為採用拉格釀製法，尾韻乾淨清爽。深黑拉格非常適合和炭火燒烤的肉類一起品飲，請大家烤肉時務必試試看！

愛爾 淡色愛爾啤酒

口感圓潤又有啤酒花香的愛爾啤酒之王

此款啤酒風格原起源自英國，但傳到美國後才大受歡迎，繼而在全世界蔚為流行。淡色愛爾啤酒巧妙運用啤酒花的苦味與豐滿麥芽風味達成口感平衡，適合搭配肉類料理，或者是添加香料的亞洲菜色。

愛爾 司陶特啤酒

具奶油般綿密泡沫與烘焙香氣的黑啤酒

十八世紀的亞瑟健力士先生為降低繳納稅額所創造的啤酒。特色是具有烘焙後的大麥香味以及強勁的苦味。適合搭配調味濃郁的料理或燉煮菜色，跟起司等食材也很相配。司陶特啤酒不宜過冰，建議稍微放置到常溫之後再飲用。

愛爾 季節啤酒

起源自農家、具有諸多樣貌的自製啤酒

原是比利時的農夫釀來取代夏季飲用水的啤酒。每一家釀酒廠製成的季節啤酒各有特色，可以喝出釀酒師的獨特個性。無論是搭配日式料理、亞洲料理、法國料理、義大利料理，皆能組合出均衡風味。

其他 蘭比克啤酒

具有野性風味的啤酒界異端份子！？

一種僅在布魯塞爾近郊釀製的比利時啤酒。透過存在於當地的菌類及野生酵母發揮作用，產生類似葡萄酒或起司的獨特香氣與酸味。可搭配菇類料理或起司食材，跟壽司一起享用也是絕配。

CHAPTER 3

拓展日本酒的世界觀
日‧西‧中式餐酒料理

說到日本酒，就是日本料理。
雖然沒有說錯，但我們將打破既定框架，
以不同角度詮釋和食，
帶大家體驗日本酒更深不可測的樂趣。
彷彿隨意在街上進出不同店家酌飲，
家中的居酒屋，不需要規則。
各種小菜與料理也隨喜好任意挑選。
唯一肯定的，只有在享用料理時，
將會不自覺喝下越來越多或熱或冷的清酒。

高橋善郎
YOSHIRO TAKAHASHI

———

料理家／日本酒侍酒師／三鐵選手。從事料理工作的同時，也擔任東京世田谷和食料理店「凪（はた）」、「凪 HANARE」的負責人。擁有調理師、唎酒師、侍酒師（ANSA）等飲食相關的九種認證資格。不僅具有唎酒師上級的日本酒講師資格，也創下史上獲得該認證的最年輕紀錄。以協助食品廠商開發食譜、店舖顧問等各種角色活躍於各大媒體。擁有日本三鐵大賽同齡組別優勝的實力，連續三年代表日本出賽爭取國際參賽資格。積極參與各項活動，致力推廣「飲食Ｘ健康Ｘ運動」的觀念。

南蠻漬
蔥燒鯖魚

烤洋蔥
佐柴魚酸奶醬

煙燻風味
馬鈴薯沙拉

鱈魚子
通心粉沙拉

使用幾乎已去除所有水分的鹽漬鯖魚，
輕鬆完成南蠻漬料理。
以煎至焦香的大蔥取代多餘調味。

南蠻漬
蔥燒鯖魚

Recommended SAKE

本釀造酒、
特別本釀造酒

純米酒、
特別純米酒

吟釀酒

煎燒過的鯖魚和蔥香，非常
適合純米酒及本釀造酒！沒
有比季節性食材和季節限定
日本酒更門當戶對的組合。

食材 2人份

鹽漬鯖魚（切片／去骨）1尾
大蔥 1根
蘘荷 1個
芝麻油 1大匙
小番茄 8顆
A ｜ 醋、麵味露（2倍濃縮）各1/2杯
　　 水 2大匙
　　 薑泥 1小匙
　　 辣椒（切圓片）1根
磨碎芝麻、山椒粉 各適量

作法

① 在鯖魚表面切劃刀紋後，分切成寬
約1-2cm的片狀。大蔥切5cm長
段，在表面切劃淺淺的刀紋。蘘荷
切小片，快速過水洗淨瀝乾。

② 於平底鍋中倒入芝麻油，中火熱鍋
後，放入鯖魚、大蔥，一邊翻動一
邊煎燒到表面上色。接著放入小番
茄，煎約1分鐘後關火。

③ 趁熱將步驟2與A放入碗中拌勻，
稍微放涼再冷藏降溫。盛盤後撒上
蘘荷、芝麻、山椒粉即可。

將洋蔥烤到甜味充分釋放，
再以柴魚＋奶油乳酪，
增添溫和的甜酸滋味。

烤洋蔥
佐柴魚酸奶醬

Recommended SAKE

本釀造酒、
特別本釀造酒

純米酒、
特別純米酒

純米吟釀酒

與純米酒、本釀造酒一起入
喉，炙烤過的洋蔥香氣和甜
味更顯著。此外，也可以選
擇和奶油乳酪風味相襯的純
米吟釀酒。

食材 2人份

洋蔥 2顆
奶油乳酪 100g
A ｜ 醬油 1大匙
　　 柴魚片 5g
橄欖油 少許

作法

① 將奶油乳酪放入耐熱容器中，包保
鮮膜微波加熱約30秒至融化，再加
入A拌勻。

② 洋蔥帶皮縱切成四等分，放在鋪有
鋁箔紙的耐熱容器上，來回淋橄欖
油後，放入預熱至250℃的烤箱
中，烤約10分鐘至表面上色。盛
盤，即可搭配步驟1享用。

在溫和的蒔蘿和鮭魚中，
刻意以毛豆增添日式元素，
再放點醃蘿蔔也很美味！

煙燻風味
馬鈴薯沙拉

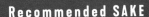
Recommended SAKE

 本釀造酒、
特別本釀造酒

 純米大吟釀酒

 純米吟釀酒

 純米酒、
特別純米酒

燻鮭魚的煙燻風味和香草的氣息，都是
純米大吟釀酒的好朋友。因為是清爽的
沙拉，搭配爽颯的本釀造酒也很對味。

食材 2人份

馬鈴薯 3顆
燻鮭魚 80g
熟毛豆仁 40g
洋蔥 1/4顆
A 美乃滋 100g
　 現擠檸檬汁 1小匙
　 蒔蘿（切碎）5g
　 粗磨黑胡椒 適量

作法

① 馬鈴薯帶皮放入冷水中，煮到可以輕
易用竹籤穿透的程度後取出，剝皮過
篩，磨成粗泥。燻鮭魚切2cm小片。
毛豆隨意切成粗碎丁。洋蔥切末後稍
微過水，再以餐巾紙包起拭乾。

② 將 A 放入大碗中拌勻，再加入步驟 1
所有食材翻拌。盛盤，最後可依喜好
撒一些烤脆的法國麵包丁（材料分量
外）享用。

POINT

**利用燻鮭魚
增加香氣**

完整濃縮食材香氣和鮮味
的燻製食品，很適合日本
酒。燻鮭魚可以搭配的食
材多元，是用來增添煙燻
香氣的絕佳選擇。

一粒粒的鱈魚子和芥末籽，
彷彿在口中跳躍般充滿咀嚼樂趣。
吃完後口腔裡充斥鴨兒芹的香氣。

鱈魚子
通心粉沙拉

Recommended SAKE

 純米吟釀酒

 純米酒、
特別純米酒

 本釀造酒、
特別本釀造酒

 吟釀酒

著重鮮味的鱈魚子美乃滋，很適合搭配
純米酒。換成純米吟釀酒，也可以讓本
來香氣濃郁的鴨兒芹更突出，留下清爽
的尾韻。

食材 2人份

通心粉 60g
鱈魚子 2條
玉米粒（罐頭）50g
黑橄欖（無籽）20g
鴨兒芹 1株
A 美乃滋 4大匙
　 芥末籽醬 2小匙
　 胡椒 1小匙

作法

① 鱈魚子剝去外膜。玉米粒瀝乾湯汁。
黑橄欖切片。

② 在大碗中放入 A、步驟 1 的食材拌勻。

③ 煮一鍋滾水，依照包裝指示煮熟通心
粉。在起鍋前1分鐘，放入鴨兒芹一起
燙熟，撈起瀝乾、放涼後，將鴨兒芹
擠乾，切成2cm小段。

④ 將步驟 2、3 拌勻，放入鋪有萵苣或生
菜（材料分量外）的容器中。

入口即化
鹽味燉牛筋

日式紅薑
章魚抹醬

日本酒蒸淡菜

鹽麴醇郁的香氣和甜度，
為牛筋與蘿蔔帶來更細緻的風味。
也可以依照喜好加紅蘿蔔或牛蒡共煮。

入口即化
鹽味燉牛筋

食材 2人份

牛筋肉 300g
蒟蒻、蘿蔔 各200g
A ｜ 青蔥的蔥綠 1根
　｜ 水 3杯
　｜ 鹽麴、味醂 各4大匙
　｜ 砂糖、薄鹽醬油 各3大匙
　｜ 蒜泥、薑泥 各1小匙
珠蔥（斜切片）、七味唐辛子 各適量

作法

1. 煮一鍋滾水，放入牛筋，蓋上落蓋或一張烘焙紙後，
以小火～中火燉煮約1小時，取出切成一口大小。

2. 蒟蒻用手撕成小塊。蘿蔔切成1cm厚的扇形片。

3. 步驟1的鍋子稍微沖洗後，放入A煮沸，再加入步驟
1、2，繼續蓋上落蓋或一張烘焙紙，以小火～中火
燉煮約1小時至牛筋軟嫩。盛盤，搭配珠蔥或撒七味
唐辛子享用。

POINT

恰到好處的
牛筋口感

牛筋先汆燙後，確實去除浮末和
脂肪，雖然燉煮越久越軟嫩，但
保留一點口感反而更適合搭配日
本酒。

用章魚燒材料做成時髦的下酒菜！
在軟綿綿又具空氣感的抹醬中，
以章魚口感和紅薑製造味覺亮點。

日式紅薑章魚抹醬

純米酒、
特別純米酒　　純米吟釀酒　　本釀造酒、
特別本釀造酒　　吟釀酒

味噌╳乳酪的雙重濃郁和日本酒絕配！章魚的口感也越嚼越上癮。紅薑和奶油乳酪的組合相當適合純米吟釀酒的風味。

食材　2人份

水煮章魚 100g
鱈寶 1片（約110g）
紅薑 30g
奶油乳酪、熟毛豆仁 各50g
味噌 1小匙
法國麵包片 適量

作法

① 章魚切小塊，鱈寶切成一口大小。紅薑擠乾。奶油乳酪放置室溫回溫。

② 將步驟1的食材、毛豆仁、味噌以食物調理機打碎。盛盤後抹在烤到酥脆的法國麵包片上享用，也可以依喜好撒上平葉巴西里碎（材料分量外）。

POINT

鱈寶是
柔軟蓬鬆的
秘密武器

製作抹醬時加入鱈寶，可以增加蓬鬆的空氣感。在一道菜中同時感受到奶油乳酪和味噌的濃郁及鬆綿輕盈的迷人口感。

將淡菜用日本酒蒸熟的和風下酒菜。
加入豆漿後的濃醇風味，
溫柔拉近了和日本酒間的距離。

純米酒、
特別純米酒　　純米吟釀酒　　本釀造酒、
特別本釀造酒　　吟釀酒　　大吟釀酒

跳脫經典的貝類配白酒，以日本酒享受酒蒸淡菜的另一番滋味。加入豆漿高湯後的鮮甜細緻，能夠輕易迎合各式日本酒款。

日本酒蒸淡菜

食材　2-3人份

淡菜（冷凍） 200g
洋蔥（縱切0.5cm厚）1/2顆
蟹肉棒 50g
豆漿（無糖原味）1/4杯
鹽、胡椒、巴西里碎 各適量

A｜水 1杯
　｜酒 1/4杯
　｜薄鹽醬油、橄欖油 各2小匙
　｜月桂葉 2片
　｜蒜泥 1小匙

作法

將A在鍋中拌勻後，放入淡菜、洋蔥、蟹肉棒，開中火煮滾再蓋上鍋蓋，以小火～中火煮約5分鐘到淡菜開殼，加入豆漿、鹽、胡椒調味後盛盤，撒上巴西里碎享用。

Recommended SAKE

純米吟釀酒

本釀造酒、
特別本釀造酒

純米酒、
特別純米酒

吟釀酒

大吟釀酒

以招牌日式下酒菜「生魚片」為靈
感。加入紫蘇和醬油的醬汁,與各種
日本酒搭配都天衣無縫。歡迎任選喜
歡的酒,也可以挑戰沒試過的口味。

只要購買綜合生魚片就很輕鬆,
作法簡單,卻充滿高級感!
青紫蘇風味的獨特青醬,
不論配飯配酒都讓人停不下口。

紫蘇青醬拌海鮮

POINT

和生魚片絕配的
紫蘇青醬

在青醬中,加入生魚片沾醬的
靈魂組合「紫蘇&醬油」,做
出百搭各式海鮮的醬汁。以橄
欖油和美乃滋,讓多樣化的滋
味完美結合。

食材 2人份

綜合生魚片 200g
青花椰菜 1/2顆
洋蔥 1/4顆
A │ 青紫蘇(切碎)10片
　│ 橄欖油 2大匙
　│ 美乃滋 1大匙
　│ 醬油 2小匙
　│ 蒜泥、薑泥、現擠檸檬汁
　│ 　各1/4小匙

作法

❶ 青花椰菜去硬皮後切小朵,滾水
汆燙約1分鐘,撈起放涼。洋蔥切
末,用餐巾紙包起來拭乾。

❷ 在大碗中放入拌勻的A、生魚片、
步驟1,拌勻即可。

本釀造酒、
特別本釀造酒

純米酒、
特別純米酒

吟釀酒

> 濃厚的料理,與純米酒或本
> 釀造酒最對味。如果用同樣
> 富含香氣,以生酛、山廢法
> 製成的酒來搭配,就能讓海
> 苔及炸蝦仁的鮮味更顯著。

透過海苔醬&山葵,將美乃滋蝦仁變成日式風味!
加一點柚子或酢橘汁更清爽順口。

山葵美乃滋黑蝦

食材 2人份

去殼蝦仁(去腸泥) 200g

A | 打散蛋液 1顆
太白粉 50g
鹽、胡椒粉 各少許

B | 海苔醬(市售) 2大匙
美乃滋 1大匙
醬油、山葵泥、醋 各1小匙

沙拉油 適量

作法

① 在大碗中混勻A,再放入蝦仁
拌勻。

② 取一個大碗,放入B拌勻。

③ 於平底鍋中倒入深約1cm的沙
拉油,加熱到170℃後,放入
步驟1的蝦仁油炸約1分30秒,
翻面再炸1分30秒。接著取出
瀝油,放入步驟2中拌勻。

④ 盛盤,可以再依喜好加入柚子
皮絲,或搭配酢橘(材料分量
外)享用。

POINT

充分發揮
海苔醬的鮮味

海苔醬中濃縮了豐沛的海苔香
氣和鮮味,只用來配飯太可惜
了!和海鮮、蔬菜拌一拌,就
是小酌時最完美的下酒菜。

Recommended SAKE

本釀造酒、
純米吟釀酒　特別本釀造酒　純米大吟釀酒　純米酒、
特別純米酒

日本酒X松露油琴瑟和鳴的現代餐
酒組合。除了純米吟釀酒，內餡
中蝦子和雞肉的淡雅清甜也很適
合本釀造酒。

松露油濃郁的香氣，讓燒賣的風味更加昇華！
在內餡中額外加入干貝罐頭，也別有一番滋味。

松露鮮蝦燒賣

食材　2人份

去殼蝦仁（去腸泥）150g
燒賣皮 20張

A | 雞腿絞肉 100g
香菇（切碎）2朵
洋蔥（切碎）1/2顆
薑（切碎）20g
蛋白 1顆
太白粉 2大匙
松露油 2小匙
料理酒、醬油、砂糖 各1小匙

作法

① 蝦仁隨意切成粗丁，和**A**一起放入碗
　中，確實揉捏拌勻。

② 將步驟**1**用燒賣皮包起來。

③ 包好的燒賣放入事先將水煮沸的蒸籠
　中，小火蒸15分鐘至熟。有的話可
　以加點飛魚卵點綴，並依喜好沾松露
　油和醬油（材料分量外）享用。

 POINT

提升香氣層次的
松露油

松露油運用在清蒸料理中更
能夠章顯出獨特香氣，造就
適合日本酒的宜人風味。依
喜好在醬油裡滴幾滴，就是
層次豐富的美味沾醬。

CHAPTER 3 — SAKE

本釀造酒、特別本釀造酒　大吟釀酒　純米酒、特別純米酒　吟釀酒

加入辣油、大量辛香料的重口味料理，特別適合辛辣的大吟釀酒、本釀造酒。濃郁滋味不輸給白子的純米酒也很值得一試。

山椒基底的微辣醬汁與日本酒最為對味。
柔軟的白子要避免過度烹調，
才能保持高級的細緻口感。

口水雞風味白子

食材　2人份

白子 150-200g
小黃瓜 1根
A｜醋 3大匙
　　味醂、醬油　各2大匙
　　砂糖 1大匙
　　山椒粉、薑泥、蒜泥 各1/2小匙
　　辣油、芝麻油 各少許
蔥花、腰果碎　各適量

作法

① 小黃瓜切絲。

② 將白子放在耐熱容器上，放入預熱至250℃的烤箱中，烤約5分鐘至表面上色即取出。

③ 將步驟 1 、 2 依序盛盤，淋上混勻的 A 、蔥花、腰果碎，再依喜好放點辣椒絲（材料分量外）即可。

POINT

白子做好前置處理口感更滑嫩

白子上的血水和黏液必須用流水仔細清洗乾淨，並去除上頭的筋和血塊，才不會影響入口後的口感。

Recommended SAKE

本釀造酒、特別本釀造酒	大吟釀酒	純米酒、特別純米酒	吟釀酒

海膽醬和起司的鮮味浪潮，就用純米酒來溫柔包覆。配合熱食的焗烤，也可以將日本酒加熱飲用。

海膽醬和起司的濃郁在口中大爆發！
竹筍的脆度讓口感層次更為豐富。

——

海之幸焗烤海膽

食材 2人份

綜合海鮮（冷凍）200g
蘑菇（推薦棕色蘑菇）6顆
竹筍（水煮）200g
A ｜ 海膽醬（瓶裝）、麵粉 各2大匙
　｜ 牛奶 1½杯
　｜ 醬油 2小匙
披薩用起司 60-80g
青海苔、鹽、胡椒 各適量
橄欖油 2小匙

作法

1　蘑菇對半縱切。筍尖切下來後縱切片，筍根橫切片後切小成扇形片。

2　於平底鍋中倒入橄欖油，熱鍋後放入綜合海鮮、步驟1，以中火～大火炒到整體表面上色，再倒入混勻的A，續煮1-2分鐘，稍微有點稠度後以鹽、胡椒調味即可。

3　盛裝到耐熱容器中，撒上起司、青海苔，放入預熱到250℃的烤箱中，烤約10分鐘至呈金黃焦色即可。

POINT

以海膽醬快速增加鮮味＆濃稠度！

海膽醬不僅提升風味，也能達到增稠的效果。由於每支產品的濃稠度不同，如果調出來的醬汁過稀，不妨少量多次加入麵粉調整。

Recommended SAKE

本釀造酒、　特別本釀造酒　　純米酒、特別純米酒
純米吟釀酒

純米酒可以激發鮪魚和醃漬菜的鮮味，本釀造酒彰顯山葵的存在感，塔塔醬和純米吟釀酒非常對味。以不同的酒，品味到料理的不同魅力。

在佐醬中結合醃漬菜的清脆和鮮味，
口感和味道的豐富度百分百！
鮪魚表面煎熟、中心依然保留完美的生度。

炙燒鮪魚排
佐高菜塔塔醬

食材 ｜ 2人份

鮪魚（生魚片用）150g
太白粉、沙拉油、西洋菜（隨意切小
　　段）、紫高麗菜（切絲）各適量
A ｜ 高菜漬 20g
　　水煮蛋（切碎）1顆
　　美乃滋 3大匙
　　山葵醬 1小匙
　　粗磨黑胡椒 少許

作法

① 鮪魚表面均勻抹上太白粉後，拍掉多餘粉末。

② 於平底鍋中倒沙拉油熱鍋，將步驟1以大火煎到每一面都上色就關火，取出切片。

③ 將西洋菜和紫高麗菜混合，鋪在盤子上，再放入步驟2、淋上拌勻的A就完成。可再依喜好搭配檸檬（材料分量外）享用。

POINT

萬用百搭的
高菜塔塔醬

將又鮮又酸的高菜漬加入塔塔醬中，不僅適合搭配魚類，用在肉類或沙拉上更是美味！舌尖上傳來山葵的微微刺激感，更能夠增加亮點。

味道強烈的生原酒和羊肉意外地合拍。
裹上加入香草和咖哩粉的酥脆外衣，
風味再提升！

香草麵衣
酥炸帶骨羊排

Recommended SAKE

本釀造酒、　　純米吟釀酒　　吟釀酒　　純米酒、
特別本釀造酒　　　　　　　　　　　特別純米酒

將日本酒×香草的組合，發揮得更
加盡興。除了本釀造酒，味道濃烈
的新鮮生酒或生原酒，也與重口味
的羊肉及香草相當匹配。

食材 2人份

帶骨羊排 4根
鹽、胡椒 各適量
A ｜ 蛋液 1顆
　　麵粉 2大匙
B ｜ 麵包粉 1杯
　　咖哩粉、起司粉、巴西里（乾燥）
　　各1小匙
　　粗磨黑胡椒 1/2小匙
炸油 適量
芝麻菜、綠橄欖（無籽）、檸檬 各適量

作法

① 帶骨羊排兩面撒鹽、胡椒。將A、B
　分別在不同的碗中混勻。

② 將帶骨羊排先沾裹A，再沾裹B。

③ 炸油加熱到170℃，放入步驟2炸
　4-5分鐘後，起鍋瀝油。盛盤，搭配
　芝麻菜、綠橄欖、檸檬享用。

POINT

在麵包粉中
施加香草魔法

將咖哩粉和巴西里加進麵包粉
中，沾裹後炸出的羊肉滋味更
為柔和，能夠達到促進食慾的
效果。多出來的麵包粉冷凍保
存，可以運用在焗烤等其他料
理中。

Recommended SAKE

純米吟釀酒 純米大吟釀酒　本釀造酒、特別本釀造酒　吟釀酒　純米酒、特別純米酒

柑橘豐富的果香，與個性相近的純米吟釀酒、純米大吟釀酒最為合拍。因為調味簡單，也可以用本釀造酒或純米酒來帶出豬肉的鮮甜。

充滿「視覺」豪華感的一道料理。
剛開始先以蒸烤的方式，
將香草氣息徹底導引到豬肉上。

香草柑橘烤豬里肌

食材 2人份

豬里肌排（炸豬排用）2片
橘子 2顆
紫洋蔥 1顆

A　橄欖油 2大匙
　　迷迭香（新鮮）10g
　　鹽、粗磨黑胡椒 各適量

鹽、粗磨黑胡椒 各適量

作法

① 豬里肌切成0.5cm厚的片狀。橘子剝皮，橫切成1cm厚的圓片。紫洋蔥橫切成0.5cm厚的圓片。

② 在碗中拌勻A，放入豬肉揉捏按摩後，靜置常溫10分鐘入味。

③ 在耐熱容器中交互疊放豬肉、橘子片、紫洋蔥片，撒鹽、黑胡椒，淋上步驟2醃肉的油。接著蓋上鋁箔紙，放入預熱至250℃的烤箱中烤約5分鐘。掀開鋁箔紙，再續烤約10分鐘至表面上色即可。

POINT

橘子是關鍵的靈魂食材

在西式料理中，豬肉配柑橘是常見的經典組合。使用甜酸醇厚的橘子，帶出適合日本酒的溫和風味。

| Recommended SAKE |

本釀造酒、　純米酒、
特別本釀造酒　特別純米酒　純米吟釀酒

結合高湯和炸物的優勢，與
本釀造酒、純米酒相當對
味。濃郁的卡門貝爾起司，
也很適合與香氣濃烈的純米
吟釀酒抗衡。

以為是豆腐，咬下去是融化牽絲的起司！
除了茄子，甜椒也很適合做成這道料理。

高湯浸炸卡門貝爾 & 茄子

食材 2人份

圓茄 2個
卡門貝爾起司（6入裝）100g
太白粉、炸油 各適量
A │ 麵味露（2倍濃縮）1/2杯
　│ 水 1/2杯
　│ 薑泥 1小匙

POINT

卡門貝爾起司
要快速裹粉炸過

卡門貝爾起司如果炸太久會
融化。確實在表面壓一層太
白粉，快速炸過後起鍋。起
司不需加熱就可以直接吃，
所以表面微微上色即可。

作法

① 茄子對半縱切後，在表皮斜劃格紋，
再對半切成好入口的大小。

② 在耐熱容器中放入拌勻的 A，封保鮮
膜微波加熱1分30秒。

③ 卡門貝爾起司上撒一層太白粉，再拍
掉多餘的粉。炸油加熱到180℃，放
入步驟1炸1分鐘，再放入卡門貝爾
起司炸約1分鐘後，全部撈起瀝油。

④ 盛盤，先將步驟2放入容器中，再放
上步驟3。可以依照喜好撒柚子皮絲
和切碎的鴨兒芹（材料分量外）一同
享用。

檸檬胡椒
龍田炸雞胸

噴香唐揚雞

加入檸檬汁、芥末籽、黑胡椒，
讓淡雅的雞胸肉也能展現出豐富層次。
同樣的調味也很適合用在鰤魚或鮭魚上。

濃濃檸檬風味的龍田炸雞，最適合
帶有果香的純米大吟釀或純米吟釀
酒，與檸檬同調的柑橘香氣，交織
出舒適尾韻。

檸檬胡椒
龍田炸雞胸

食材 2人份

雞胸肉 2小片（400g）
A｜美乃滋 4大匙
　｜現擠檸檬汁 1/2顆
　｜粗磨黑胡椒、芥末籽 各1小匙
太白粉、炸油、貝比生菜 各適量

作法

① 將A在碗中拌勻。

② 雞肉去皮後，斜切成約1cm厚的片狀。拍壓裹上太白粉後，再拍掉多餘的粉。

③ 炸油加熱到180℃，放入步驟2的雞肉炸3分鐘，取出瀝油。接著和步驟1拌勻，盛到以貝比生菜鋪底的盤中，依喜好搭配檸檬（材料分量外）享用。

以紅紫蘇粉和七味粉醃漬後的香氣迷人。
混合麵粉和太白粉的麵衣，炸起來薄酥鬆脆。

這道唐揚雞中結合了紅紫蘇的清新
香氣和七味粉的微辣。除了清爽的
純米吟釀酒，口感暢快的本釀造
酒、吟釀酒也很適合。

紅紫蘇唐揚雞

食材 2人份

雞腿肉 2小片（400g）
A｜雞蛋 1顆
　｜麵粉、太白粉 各3大匙
　｜味醂、醬油、紅紫蘇粉 各1大匙
　｜七味粉 1小匙
炸油、萵苣 各適量

作法

① 將A在碗中拌勻，放入切成一口大小的帶皮雞腿肉，按摩入味。

② 將炸油加熱到170℃，放入步驟1的雞肉炸3～5分鐘後，撈起瀝油。盛入鋪有萵苣的盤中，依喜好搭配酢橘（材料分量外）享用。

★紅紫蘇粉：
此處使用的是三島推出的「紫蘇飯友」。

酸酸的醬汁、爽颯的綠檸檬,都與
本釀造酒及純米吟釀酒相當契合。
巴薩米克醋熟成的滋味,也和香濃
的生酒或生原酒十分相配。

加入巴薩米克醋的酸甜醬汁
為玉米帶來衝擊性的美味。
再搭配香菜或綠檸檬更加出色!

巴薩米克炸玉米

食材 2人份

玉米 1根

A | 水 1/2杯
  | 麵粉 4大匙
  | 乾燥巴西里 1小匙

B | 醬油、味醂 各3大匙
  | 砂糖 2大匙
  | 巴薩米克醋 1小匙

炸油 適量

綠檸檬、香菜、杏仁果碎
  依喜好

作法

① 玉米先對半橫切,再縱切成四等分。在
碗中將A拌勻成麵糊。

② 將B放入小鍋中,以小火~中火煮至沸
騰、呈稍微濃稠的狀態後,關火備用。

③ 將玉米的果實部分沾裹步驟1的麵糊,
放入加熱到180℃的熱油中,炸約2分
鐘。取出瀝油後,盛盤,淋上步驟2,
再依喜好添加香菜、綠檸檬或切碎的杏
仁果享用。

POINT

玉米的切法

先將玉米切成一半,切面朝下直
立擺放,縱切時較不易滾動。果
實先裹麵糊再炸可以避免油爆,
也可以在麵糊中添加辛香料或香
草增添香氣。

Recommended SAKE

本醸造酒、 特別本醸造酒	純米酒、 特別純米酒	純米吟釀酒	吟釀酒	大吟釀酒

醇厚的味噌與本醸造酒、純米酒搭配得恰到好處。豆漿基底的清爽醬汁加入柚子皮後，和吟釀酒系的契合度也很高。

濃醇的豆漿中散發出味噌的香氣，
簡單直率的日本風格義大利麵。
以鮭魚卵的顏色對比和鹹度增加亮點。

豆乳白醬
牡蠣義大利麵

食材 2人份

義大利直麵 140g
牡蠣 100-150g
菠菜（切段） 150g
鹽、胡椒 各適量
A｜無糖原味豆漿 3/4杯
　｜煮麵水 1/4杯
　｜麵粉 1大匙
　｜味噌 2小匙
　｜蒜泥 1/2小匙
橄欖油 1大匙
奶油 15g
鮭魚卵、柚子皮絲 各適量

作法

❶ 義大利麵按照包裝標示煮熟後取出。A的所有材料拌勻。

❷ 於平底鍋中倒入橄欖油、奶油，中火加熱後，放入牡蠣、菠菜段，以中火～大火炒熟菠菜。

❸ 接著倒入拌勻的A，以鹽、胡椒調味，再放入步驟1的麵，快速拌勻後盛盤，放上鮭魚卵、柚子皮絲即完成。

POINT

不需要選擇生食級的生牡蠣

有些標示「可生食」的牡蠣，是因為飼養在浮游生物少的海域中，經過淨化處理的體型通常較小。如果會加熱烹調，購買一般的牡蠣即可。

Recommended SAKE

本釀造酒、 純米酒、
特別本釀造酒 特別純米酒 純米吟釀酒 吟釀酒

搭配本釀造酒或純米酒，更能突顯
鹽昆布的鮮味、奶油及芝麻油的香
氣。如果想要強調奶油味，純米吟
釀酒也是不錯的選擇。

芝麻油和奶油的雙重香氣，好吃到令人有罪惡感！
鹽昆布的鮮味和鹹度，讓炊飯也成為欲罷不能的下酒菜。

鹽昆布奶油銀杏
土鍋炊飯

食材 2人份

白米 360ml（2杯）
鹽昆布 50g
銀杏（去皮）50g
A　水 340ml
　　醬油、味醂 各2大匙
　　芝麻油 1大匙
　　薑泥 1小匙
奶油 適量

作法

① 白米淘洗乾淨後，泡水20-30分鐘。

② 將A在土鍋中拌勻，放入白米、鹽昆布、
銀杏，先不蓋鍋蓋煮沸，再蓋上鍋蓋，
小火煮約10分鐘，關火燜10分鐘左右，
加進奶油拌勻即可。（也可以直接將所
有材料放入電子鍋炊熟）

POINT

使用去皮銀杏
就能輕鬆完成

新鮮杏仁在非產季時不易取得，
去皮也很麻煩。購買真空包裝
的去皮銀杏或罐頭，瀝乾即可使
用，相當方便。

純米酒、
特別純米酒

純米吟釀酒

純米大吟釀酒

本釀造酒、
特別本釀造酒

吟釀酒

說到日本酒，壽司當然不能缺席。
醋飯溫和的酸度和香氣，在任何日
本酒面前都不失色。只要改變配
料、調味、裝飾食材，就能拓展出
變化無窮的餐酒搭配。

利用現成食材快速完成簡易版壽司，
圓滾滾的外型，不僅食用方便，還很可愛！

——

華麗海陸手毬壽司

食材　2人份

熱飯 400g

配料
　烤牛肉（市售）5片
　燻鮭魚 5片
　生火腿 5片
　蟹肉棒 5根＋青紫蘇 5片

A　醋、砂糖 各4大匙
　　鹽 1½小匙

裝飾食材（鮭魚卵、細葉香芹、蒔蘿、山葵泥、
　芥末籽、粗磨黑胡椒） 各適量

作法

① 在碗中放入A、熱飯，用飯匙以切拌的方式
　散熱，做成壽司飯。

② 鋪一張切成小張的保鮮膜，依序放上配料、
　捏成球的壽司飯，將保鮮膜包起來扭緊成圓
　球狀（蟹肉棒壽司則改依蟹肉棒、切掉梗的
　紫蘇葉、醋飯的順序疊放）。

③ 拆除保鮮膜後盛盤，再依喜好擺放裝飾食材
　即可。

POINT

漂亮手毬壽司的捏法

在攤平的保鮮膜上放配料後，再放
上捏成一口大小的飯糰球（a）。
從下方連同保鮮膜拿起，扭緊封口
後整成圓形（b）。拆開後在頂端
放點裝飾食材，奢華感大加分！

a

b

\ 一目瞭然！/

葡萄酒＆日本酒的餐酒搭配表

葡萄酒的餐酒搭配表

依據想吃的料理佐配餐酒，或是配合家裡的酒款挑選料理，「家的餐酒館」沒有限制，自在選擇喜歡的搭配方式吧！

頁碼	料理名／酒款圖示	紅酒 輕盈×酸味強	紅酒 輕盈×澀味強	紅酒 厚重×酸味強	紅酒 厚重×澀味強	白酒 輕盈×酸味厚實	白酒 輕盈×酸味柔順	白酒 厚重×酸味厚實	白酒 厚重×酸味柔順	橘酒	氣泡酒	粉紅氣泡酒	粉紅酒
36	鯖魚罐拌蒔蘿	○									◎		○
36	鮭魚卵奶油開放式三明治					○		○			○		
37	酒粕藍紋起司蜂蜜開胃小點		○			◎							
37	藍紋起司油豆腐					◎	○						
38	蜜漬梅乾拌羊栖菜	○											
38	芥末籽醬炒蓮藕					◎	○						◎
39	高湯浸煮牛肉西洋菜		○						○				◎
40	油拌蕪菁烏魚子					◎				○			
40	鹽昆布檸檬涼拌鯛魚					◎							○
41	孜然蛋花牡蠣						○				◎	○	
41	酒蒸白芹蛤蜊					◎					◎		
42	異國風粉吹芋					○	○				◎		○
43	蜜漬草莓佐炙燒卡門貝爾					◎						◎	◎
43	甘栗培根捲					◎						◎	
44	魚露番茄拌蘘荷	○				○					○	◎	
44	滿滿巴西里納豆小點		○								◎		○
52	季節鮮果卡布里沙拉						○				○	◎	○
56	薄荷海鮮塔布勒沙拉					◎	○	○					
56	葡萄柚漬生魚片					◎		○			◎		
57	韃靼牛肉	◎	◎	○	○						○		◎
58	綿滑雞肝醬		○							◎			
59	鰻魚蛋黃醬水煮蛋沙拉					○	◎			○			
60	奶油蒸大蔥					○	◎	○					
60	奶油蒸球芽甘藍					◎	○						
61	焗烤奶油蒸大蔥					○		◎					
61	焗烤奶油蒸球芽甘藍					○			◎				
62	法式牛絞肉排	◎	◎	○									○
64	橙汁煎鴨胸	◎	◎	○							○		
65	米蘭風炸肉片					◎	○						
66	白酒燉海鮮					○	○	○	○				
67	魚肉馬鈴薯格雷派					◎	○				○		○
68	檸檬奶油醬馬鈴薯麵疙瘩					◎	○	○	○				
71	蘑菇抓飯					◎					○		
71	蟹肉蘑菇抓飯					◎	○						
74	紅油山茼蒿抄手	○									◎		◎
75	塔香茄子豬肉片	○	○				○			○	◎		○
76	豆豉蒸肋排地瓜	○	○	○	◎								
77	清蒸鱈魚佐番茄榨菜醬	◎							○				◎
79	彈牙蝦仁西洋芹煎餅					○	◎			○			◎
79	韓式塔塔鮪魚豆皮生春捲					◎	○						
80	香茅蓮藕炒雞肉					◎		○			○		
81	蝦醬椰奶燉炸蛋						◎			○			
84	孜然涼拌紫高麗菜絲	○				○	○					◎	○
84	土耳其風味橄欖油燉蔥	○				○	○						○
85	土耳其白扁豆沙拉					○	○		○			○	
85	番茄羊肉薯條佐優格醬	◎	○	○									○

本書中的所有食譜，皆是請侍酒師實際試吃後，挑選出建議搭配的葡萄酒或日本酒。也在此完整公開當時的選酒列表。（◎代表特別推薦）

頁碼	料理名／酒款圖示												
86	羊肉南瓜印度咖哩餃		○						○		○	◎	○
87	海味蛤蜊蒔蘿河粉						◎	◎	○	○			
88	只有蔥的港式炒麵	○					○	○				○	◎
88	港式迷你煲仔飯						○					◎	○
94	鹽麴蔬菜鮭魚拌鮭魚卵									○			○
94	蔬菜拌醋漬鯖魚佐醋橘山葵醬油	◎											
95	山萵蒿蘋果沙拉佐柿餅醬						○				○	○	
95	馬斯卡彭豆腐拌草莓柳橙							◎				◎	
96	七味粉高湯風味日式烤牛肉	○											
97	紅酒醬燒蔥鴨	○	◎	○	○								
99	酒蒸魚佐西芹醬油							◎					○
100	鹽燒牛舌佐滿滿辛香料醬汁								○		○		
101	酒粕風味白北魚鏘鏘燒							◎		○			○
102	海鮮什錦鍋佐香菜魚露沾醬									○	◎		
104	高湯浸炸甘鯛根菜佐茄汁天婦羅醬	○							○			◎	◎
105	奶油乳酪牡蠣炸春捲						○	○	○	○		○	
106	鮪魚麻醬蕎麥麵							◎				○	○
107	鰻魚牛蒡炒蛋土鍋炊飯		○									○	◎

日本酒的餐酒搭配表

料理適合的酒款，也會依照品飲的環境和季節有所差異，請抱持輕鬆的心態多方嘗試。也可以加熱成熱清酒，感受溫度帶來的變化。

頁碼	料理名／酒款圖示	純米吟釀酒	純米大吟釀酒	本釀造酒，特別本釀造酒	吟釀酒	大吟釀酒	純米酒・特別純米酒
45	無花果黑胡椒三明治	◎	◎			○	
46	魩仔魚麵包片	○		◎			◎
46	柴漬炒蛋	○		◎	○		◎
47	山葵醬油漬莫札瑞拉	○		◎			◎
47	鹽昆布酪梨			○	○		◎
116	南蠻漬蔥燒鯖魚			◎	○		◎
116	烤洋蔥佐柴魚酸奶醬	○		◎			◎
117	煙燻風味馬鈴薯沙拉	○	○	◎			○
117	鱈魚子通心粉沙拉	◎		○	○		◎
120	入口即化鹽味燉牛筋			◎	○		○
121	日式紅薑章魚抹醬	○		○	○		○
121	日本酒蒸淡菜	◎		◎	○	○	◎
122	紫蘇青醬拌海鮮	◎		◎	○	○	◎
123	山葵美乃滋黑蝦			◎	○		◎
124	松露鮮蝦燒賣	◎	○	◎	○		◎
125	口水雞風味白子			◎	○		◎
127	海之幸焗烤海膽	○		◎	○		◎
128	炙燒鮪魚排佐高菜塔塔醬	◎		◎			○
129	香草麵衣酥炸帶骨羊排	○		○	○		○
130	香草柑橘烤豬里肌	◎	○	○			◎
131	高湯浸炸卡門貝爾&茄子	○		◎			◎
133	檸檬胡椒龍田炸雞胸	◎		◎	○		◎
133	紅紫蘇唐揚雞	○		◎			○
134	巴薩米克炸玉米	○		◎			○
135	豆乳白醬牡蠣義大利麵	○		◎	○	○	◎
136	鹽昆布奶油銀杏土鍋炊飯	○		◎	○		◎
	豪華海陸手毯壽司	◎	◎	◎	○		◎

INDEX

台灣廣廈 國際出版集團
Taiwan Mansion International Group

國家圖書館出版品預行編目（CIP）資料

侍酒師×星級主廚的居家餐酒搭配：從葡萄酒到日本酒
的風味特徵指南，專為「在家喝酒」設計的100道下酒菜
／岩井穗純、高橋善郎、上田淳子、Tsurezure Hanako、
五十嵐大輔著. -- 初版. -- 新北市：台灣廣廈, 2022.09
　面；　公分.
ISBN 978-986-130-555-4 (平裝)
1.CST: 食譜　2.CST: 酒

427.1　　　　　　　　　　　　　　　111013053

譯 者 簡 介

鍾雅茜
畢業於國立臺灣藝術大學。曾旅居日本
一年，喜歡獨自探險與學習新事物。現
為專職譯者，譯有多部日劇以及書籍。

Moku
學不會26個字母，所以改學50音。譯
有《純素起司》、《鬆餅研究室》等著作。

蘋果屋
APPLE HOUSE

侍酒師 × 星級主廚的居家餐酒搭配
從葡萄酒到日本酒的風味特徵指南，專為「在家喝酒」設計的100道下酒菜

料 理 設 計／上田淳子（義式＆法式料理）
　　　　　　　Tsurezure Hanako（亞洲料理）
　　　　　　　五十嵐大輔（現代和食）
　　　　　　　高橋善郎（日本酒下酒菜）
葡萄酒監修／岩井穗純
日本酒監修／高橋善郎
攝　　　影／神林環
插　　　畫／湯淺望

譯　　　者／鍾雅茜・Moku
編輯中心編輯長／張秀環・編輯／蔡沐晨
封面設計／曾詩涵
內頁排版／菩薩蠻數位文化有限公司
製版・印刷・裝訂／東豪・弼聖・秉成

行企研發中心總監／陳冠蒨　　線上學習中心總監／陳冠蒨
媒體公關組／陳柔彣　　　　　產品企製組／黃雅鈴
綜合業務組／何欣穎

發 行 人／江媛珍
法 律 顧 問／第一國際法律事務所 余淑杏律師・北辰著作權事務所 蕭雄淋律師
出　　　版／台灣廣廈
發　　　行／台灣廣廈有聲圖書有限公司
　　　　　　地址：新北市235中和區中山路二段359巷7號2樓
　　　　　　電話：（886）2-2225-5777・傳真：（886）2-2225-8052

代理印務・全球總經銷／知遠文化事業有限公司
　　　　　　地址：新北市222深坑區北深路三段155巷25號5樓
　　　　　　電話：（886）2-2664-8800・傳真：（886）2-2664-8801
郵 政 劃 撥／劃撥帳號：18836722
　　　　　　劃撥戶名：知遠文化事業有限公司（※單次購書金額未達1000元，請另付70元郵資。）

■出版日期：2022年09月
ISBN：978-986-130-555-4

ソムリエ×料理人が家飲み用に本気で考えた　おうちペアリング
© Shufunotomo Co., Ltd 2021
Originally published in Japan by Shufunotomo Co., Ltd
Translation rights arranged with Shufunotomo Co., Ltd.